これなら
わかる！

Google
アナリティクス4
アクセス解析超入門

志鎌真奈美 著

user

技術評論社

はじめに

本書を手にとっていただき、ありがとうございます。

1997年、初めてWebサイトを作成しアクセスカウンターを付けました。毎日ちょっとづつ数字が増えていくのが嬉しかったことを今でも覚えています。

時を経て、Webサイトが世の中に広がり、アクセス解析ができるツールもたくさん出てきました。中でも無料で提供されているGoogleアナリティクスは普及ツールの筆頭と言えるでしょう。日々の訪問者数やページの表示回数だけでなく、さまざまなデータ分析画面が用意され、高機能な解析もできるようになっています。

しかし、Googleアナリティクスは初心者にとってまだまだハードルが高いようです。本書は、「Googleアナリティクスは聞いたことがあるけれど見たことがない」あるいは「ログインをしたことはあるけれど、どこを見てよいかわからない」という方に向けて執筆しました。2023年7月にリニューアルされるGA4へ対応した書籍となっています。初心者でも取り組みやすいよう、できるだけわかりやすく解説しています。

Webサイトの改善が必要だけれど、どこから手をつけてよいかわからない。
Webサイトへの訪問者の様子だけでも知りたい。

そんな時は、Googleアナリティクスを使って、まずは基本的なアクセス状況から把握するようにしましょう。ただ数字を見るだけでなく、アクセス解析のデータをどう活用していくのかヒントも掲載していますので、ぜひ参考にしてください。

Webサイトは作って終わりではありません。現状把握、分析、改善を継続しながら成果に繋げていきます。本書が皆様のWeb運営に役立ちますように！

志鎌真奈美

目次

Chapter 2

Googleアナリティクスを導入しよう

Chapter 3

「リアルタイム」でアクセス状況を知ろう

「ユーザー」で訪問者について知ろう

Chapter 5

「集客」で訪問者の行動を知ろう

Chapter 6

「エンゲージメント」でアクセス状況を知ろう

Chapter 7

「データ探索」でデータを集計しよう

Chapter 8

Googleサーチコンソールを導入しよう

Chapter 9

Webサイトの運用や改善に活用しよう

Googleアナリティクス とアクセス解析

この章で学習すること

Chapter1では、アクセス解析の必要性や役割、新旧アナリティクスの違いについて解説します。

1-1 アクセス解析はなぜ必要?

アクセス解析はなぜ必要なのでしょうか? Webサイトの改善や現状把握のためのツールとして必須であることを押さえておきましょう。

アクセス解析はWeb改善の道しるべとなるもの

　Webサイトを開設したものの、「まったく問い合わせがない」「何のアクションも起こらない」という課題を抱える運営者は少なくありません。そんな時に"いざ対策を"と思っても、手がかりが1つもない状態でやみくもに行動したとしても、結果に結びつかないでしょう。それは、まるで地図を持たずに知らない道を歩くようなものです。

　たとえば、Webサイトを改善するときに、ユーザーの訪問があるかないかでは、施策の内容が変わってきます。ユーザーが来ていなければ、まずは"Webサイトに人を連れてくる"ことを考える必要があります。ある程度ユーザーが来ているのに、何の成果にもつながらない場合には、Webサイト自体の改善が必要になると判断できます。

　このように、Webサイトへのアクセス状況を知っていれば、大きな方向性の判断に役立つでしょう。

現状を把握することの大切さ

アクセス解析では、Webサイトへの訪問者数のほかにも、さまざまな数値を分析することができます。よく見られているページはどこか、パソコンとスマートフォンどちらのユーザーが多いか、どの都市からのアクセス数が多いのかなどです。こうしたデータを活用することで、Webサイトへのアクセス状況をより明確に把握することができます。それによって、Web改善の精度も上がっていくでしょう。

健康診断を思い浮かべてみてください。診断結果の数値を見て、普段の食生活を見直したり、飲酒を控えたりといった、生活様式の変化に努めた経験はありませんか？ アクセス解析も同じで、Webサイトのアクセス状況を知ることで、次のアクションを立案したり、改善ポイントの発見に繋げることができるのです。

立案・施策・検証・改善のサイクルを回していこう

Webサイトは開設して終わりではありません。開設からさまざまな改善を重ねて、より良いものにしていくのがWebサイトのあるべき姿です。アクセス解析を使って現状を把握しながら、施策を立て、実行し、検証。そしてまた改善を繰り返しながら運用していきます。

この業務改善の流れを「PDCA」と言います。「企画（Plan）」「実行（Do）」「検証（Check）」「改善（Act）」の頭文字を取ったもの。この4段階を繰り返し実行することで、管理業務を継続して改善させる方法です。

Webサイトもこのサイクルを回しながら運営していきます。そして、アクセス解析は「Check」の段階で必要になります。現状を把握し、改善施策を実行するために欠かせないツールなのです。

Webサイトのアクセス状況を分析できるツールはいくつもあります が、本書では無料で利用でき、普及率も高い「Googleアナリティクス」を使った分析について解説しています。

Googleが提供する無料のアクセス解析ツール

GoogleアナリティクスはGoogle社が提供する無料のアクセス解析ツールです。2005年に米国のWeb解析ソリューションプロバイダー Urchin社を買収し、Google社からの提供になりました。無料にも関わらず高機能なので、いくつもある解析ツールの中では、普及率が高いのも特徴です。

built with（https://builtwith.com/）の調査によるGoogleアナリティクスの普及率 2022年4月

Googleのアカウントさえあれば、すぐにGoogleアナリティクスを開設することができ、Webサイトに所定のコードを貼ることで、分析がスタートします。

基本的に無料で使用することができますが、その範囲は月間1000万ヒットまでとなっています。無制限に利用したいのであれば、「Googleアナリティクス 360」というプランも用意されており、価格は150万円/月～となっています。

Googleアナリティクスは難しい?

　「Googleアナリティクスって聞いたことがあるけれど、難しそうで…」「設置はしているけれど、見方がよくわからない」、こんな声をよく耳にします。Googleアナリティクスは高機能ですが、それが逆にわかりにくくなっている一因とも言えます。

　確かにまったく知識がないまま画面を見ても、見方はわからないでしょう。しかし、用語を知る、基本機能を覚える、そして自サイトの分析に必要な機能だけを選択することで、Googleアナリティクスは決して難しいものではないことを理解していただけるはずです。

　本書では、たくさんあるGoogleアナリティクスの機能の中で、基本的なものやよく使われるもの、入門者にとって必要な機能について解説しています。

ほかの分析ツールと組み合わせてより詳しい分析を

　Googleアナリティクスは単体でも十分高機能ですが、ほかのツールと組み合わせて使うことで、より詳しい分析ができます。

　たとえば、Googleサーチコンソールでは、何の検索ワードで流入があったか、Google社のブラウザ「Google Chrome」に追加する機能を使うと、Webサイト上のどこが何%クリックされているかを知ることができます。

　Googleアナリティクスでできることとできないことを明確に知って、不足するデータをほかのツールで補い、総合的に分析できることが理想です。Googleサーチコンソールについては、Chapter8で詳しく解説しています。

GA4とUAの違いを押さえておこう

現在普及しているGoogleアナリティクスは、「GA4」と「UA（ユニバーサルアナリティクス）」の2種類があります。ここではその違いについて解説します。

2種類のGoogleアナリティクス

　Googleアナリティクスには新旧2種類あります。現在、Googleアナリティクスを新しく設置すると「Googleアナリティクス4（GA4）」になりますが、以前から利用していた人は「ユニバーサルアナリティクス（UA）」を導入している方が多いのではないかと思います。

　もともとは、2005年にGoogle社がUrchin社を買収し、その技術を使ってWebサイトの解析ツールを提供したのが始まりです。その後、2013年にUAとなり、2017年にさらに改良されたUAへと進化しました。以降、「UA」はGoogleアナリティクスの普及版としてもっとも広く使われてきました。たくさんのノウハウが出回っており、解説書籍が何冊も販売されています。

　そして、2022年3月16日にGoogle社から「ユニバーサル アナリティクスのサポートを終了する」という公式発表がありました。2023年7月1日以降、UAで新しいデータを取得することはできなくなります。ただし、6か月間はそれまでのデータにアクセスは可能という骨子が、下記のページにまとめられています。

https://support.google.com/analytics/answer/11583528?hl=ja

UAとGA4の大きな違い

　UAからGA4への変更で、大きな違いは「直帰率」「離脱率」「平均滞在時間」などの指標がなくなることです。UAでは重要な指標ととらえられていた「直帰率」がなくなり、代わりに「エンゲージメント」という指標に置き換わりました。

　それぞれの詳しい見方についてはChapter3以降で解説しますが、以前からGoogleアナリティクスを利用していた人は、このように大きな変更があることを押さえておきましょう。

UAとGA4の見分け方

現在、自身で使っているGoogleアナリティクスがGA4とUAのどちらなのかよくわからないという場合もあるでしょう。見分け方は、左側のメニュー構成です。

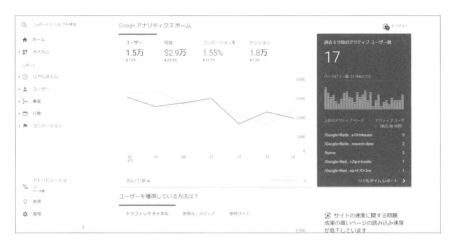

UAは、左サイドバーのメニューが［ホーム］［カスタム］［リアルタイム］［ユーザー］［集客］［行動］…と並びます。

GA4は、左サイドバーのメニューが［ユーザー属性］［テクノロジー］［ライフサイクル集客］［エンゲージメント］…と並びます。

1-4 Googleアナリティクスで何ができる?

Googleアナリティクスにはできることとできないことがあります。どのような項目が分析可能なのかを知っておきましょう。

Googleアナリティクスでできること

Googleアナリティクスを使えば、さまざまな角度からWebサイトの訪問状況を分析することができます。ただし、すべての機能を把握しなければ使えないのかというと、そうではありません。分析の専門家になるのでなければ、業務に必要な機能だけを覚えておくだけで十分です。

また、Googleアナリティクスはどんなことでも分析できるわけではありません。できることとできないことがあります。ここでは、まずどんなことが分析できるか、ざっと全体像を押さえておきましょう。

さまざまな分析機能

Googleアナリティクスでは以下の項目について分析することができます。

- リアルタイムのアクセス状況
- どんな人がアクセスしているか
- アクセスした人の環境
- どんな経路でアクセスしているか
- アクセスした人がどんな行動をとっているか

また、データを加工してより詳しく分析する「データ探索」やGoogle 広告と連動できる「広告」、基本的な設定などを行う「管理」の機能があります。

リアルタイムのアクセス状況

　「レポート」機能の「リアルタイム」では、今この瞬間のアクセス状況や過去30分間の状況が分析できます。

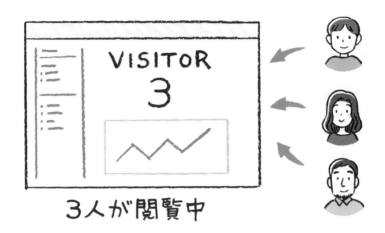

どんな人がアクセスしているか

　「レポート」機能の「ユーザー属性」では、どんな人がアクセスしているかがわかります。

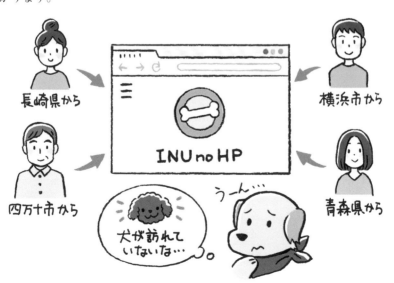

アクセスした人の環境

　「レポート」機能の「テクノロジー」ではWebサイトへアクセスした人の端末が、スマートフォンかパソコンか、あるいは何のブラウザを使っているのかがわかります。

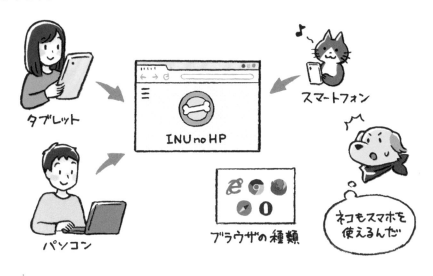

どんな経路でアクセスしているか

　「レポート」機能の「集客」では、Webサイトへの訪問者が、どんな経路で訪問してきたかを分析できます。

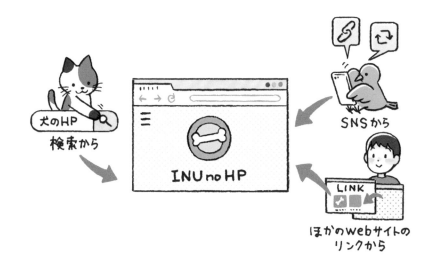

アクセスした人がどんな行動をとっているか

「レポート」機能の「エンゲージメント」では、ページの表示回数やイベント数（Webサイトの訪問者が何かしらのアクションを起こした数）、どのページがよく表示されているかがわかります。

「データ探索」

「探索」機能の「データ探索」では、カスタマイズしたレポートを作成することができます。テンプレートも用意されているので、使いたいものがあればそのまま利用できます。

広告

　「Google広告」のアカウントと連携すると、広告経由での訪問者数など、関連した項目について分析できるようになります。

管理（目標設定）

　アカウントの設定変更や初期設定を編集する機能のほか、Webサイトの目標設定をする機能が用意されています。

　「広告」、「管理」については、本書では扱いません。

Googleアナリティクス を導入しよう

この章で学習すること

Chapter2では、Googleアナリティクス を使うために必須となる「設置の方法」 について、Webサイトへ導入する際の 注意点なども交えながら解説します。

2-1 Googleアナリティクスを設置しよう

Googleアナリティクスを使うためには、Googleアカウントを作成し、分析したい自分のWebサイトに設置する必要があります。ツールごとに設置方法が異なる部分があるため、代表的な方法をピックアップして設置についてお伝えします。

Googleアカウントの登録が必須

Googleアナリティクスを設置するためには、Googleのアカウントが必須です。Googleアカウントは無料で取得することができ、Googleアナリティクスやサーチコンソール（Chapter8参照）を利用する以外にも、さまざまなGoogleのサービスを利用することができます。

すでにGoogleアカウントを持っている場合は、あらたに取得する必要はありません。持っていない場合は、Googleアカウントのページから、画面の指示にしたがってGoogleアカウントを取得しましょう。

Googleアカウントのページ
https://www.google.com/intl/ja/account/about/

Googleアナリティクス設置の流れ

Googleアナリティクスは以下の流れで設置します。

Googleアカウントを取得する

Googleアナリティクスのアカウントを作成する

測定IDとGoogleタグを取得する

分析したいWebサイトに測定IDやGoogleタグを設置する

正しく設置できたかを確認する

解析を始めるための準備を行う

> **ヒント　電話番号が必要になることも**
>
> Googleのアカウントを取得するには、電話番号の登録が必要です。固定電話、
> モバイルどちらでも構いませんが、自動音声やSMSで本人確認用の認証コードが
> 送られてくるため、その場で受け取れる電話番号を登録しましょう。

Googleアナリティクスを利用する準備をしよう

Googleアナリティクスを使うために必要なアカウントの取得や、Webサイトへ Googleアナリティクスを設置する方法について学んでいきましょう。

Googleアナリティクスのアカウントを作成する

① Googleアナリティクスの公式サイト (https://marketingplatform.google.com) へアクセスして、[さっそく始める] をクリックします。

② ログイン画面が表示されるので、メールアドレスを入力して [次へ] をクリックします。アカウント選択画面が出てくる場合は、使用するアカウントを選択して次へ進んでください。※Googleアカウントでブラウザにログイン済みの場合はP.029の手順⑤へ進んでください。

③ パスワードを入力し、[次へ] をクリックします。

④ 「Googleアナリティクスへようこそ」と表示されるので、[測定を開始] を
クリックします。

⑤ アカウント設定画面が表示されます。「アカウント名」を入力しましょう。
アカウントを管理するための名称なので、会社名や屋号、サービス名、自分
の名前などわかりやすい名称を入力します。

⑥ アカウント名を入力したら画面をスクロールして、[次へ] をクリックします。

プロパティ名と国を設定する

⑦ 次に進むと、プロパティ名とレポートのタイムゾーン、通貨を設定する画面が表示されます。各項目を設定しましょう。[プロパティ名] には、Webサイトの名称を入力します。

⑧ 設定したら ［次へ］ をクリックします。

⑨ ここで［詳細オプション］をクリックすると、「ユニバーサルアナリティクス
プロパティの作成」と表示されます。ここでは、ユニバーサルアナリティク
スプロパティは作成せず［次へ］をクリックします。

利用規約に同意する

⑩ 次に企業の規模や利用目的に関する選択肢が表示されるので、該当するもの
にチェックをつけて［作成］をクリックします。

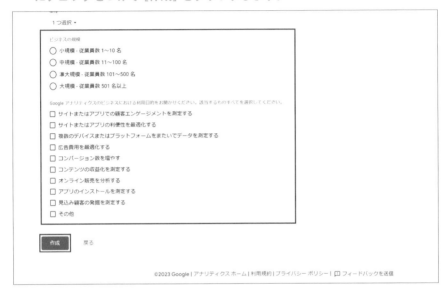

⑪ 「Googleアナリティクス利用規約」が表示されます。日本語に変更したい
場合は、［アメリカ合衆国］をプルダウンし、日本語を選びます。

⑫ Googleアナリティクス利用規約が日本語に切り替わりました。「GDPRで
必須となるデータ処理規約にも同意します。」にチェックをつけ [同意する]
をクリックします。

⑬ 「自分のメール配信」画面が表示されます。Googleアナリティクスに関す
るメール通知を受け取るかどうかを設定することができます。必要であれば、
チェックをして右下の [保存] をクリックします。

自分のメール配信

Google アナリティクスの最新情報をメールで随時お知らせしています。配信を希望されるメールの種類を下記よりお選びください。
設定はいつでも変更していただけます。

お客様の設定にかかわらず、アカウントに影響する重要なお知らせについては全員の方にメールをお送りさせていただきます（ただ
し、重要なお知らせの場合に限ります）。また、Google ではお客様のプライバシーを尊重しており、お客様の個人情報を第三者やパー
トナーに公開することはありません。

☐ **パフォーマンスに関する提案と更新情報**
Google アナリティクス アカウントを最大限に活用するための最新情報とヒントを受け取ります。最初に、アクセス権のあるプ
ロパティ（最大 5 個）についての提案と最新情報が送信されます。こうしたプロパティは Google アナリティクスにより選択さ
れます。これらの最新情報は、[管理] > [ユーザー設定] で変更できます。

☐ **機能に関する最新情報**
Google アナリティクスの最新の変更内容、拡張機能、新機能に関する情報を受け取ります。

☐ **フィードバックとテスト**
Google アナリティクスの改良を目的とした Google の調査や試験運用の案内を受け取ります。

☐ **Google からのお知らせ**
関連する Google のプロダクト、サービス、イベント、特別プロモーションの情報を受け取ります。

すべてオフにして保存   保存

データ分析用の情報を取得する

　ここから先は、Webサイトに設置するための情報、測定IDとGoogleタグを取得していきます。

⑭　「データ収集を開始する」画面が表示されるので、「ウェブ」をクリックします。

⑮　「データストリームの設定」が表示されます。ウェブサイトのURLとストリーム名（Webサイトの名称）を入力し、[ストリームを作成] をクリックします。

⑯ 「ウェブストリームの詳細」が表示されます。「測定ID」が表示されるので、パソコンのメモアプリなどにコピーしておきましょう。

⑰ 画面をスクロールして［タグの実装手順を表示する］をクリックします。

⑱ 「Googleタグを設置する」画面が表示されます。手動でコードを設置する
場合は、Googleタグを、パソコンのメモアプリなどにコピーしておきまし
ょう。

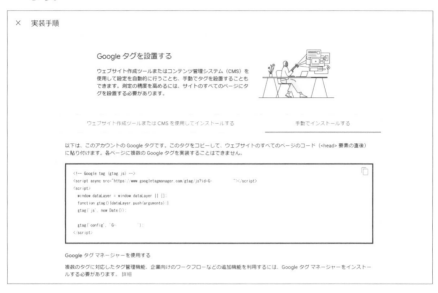

⑲ DrupalやWixなどに設置する場合は、[ウェブサイト作成ツールを使用し
てインストールする] タブをクリックし、画面にしたがって設置します。

アカウントを作成しただけでは解析は始められない

　ここまでGoogleアナリティクスの設定について解説してきましたが、Googleアナリティクスのアカウントを作成しただけではアクセス解析を始めることはできません。測定IDやGoogleタグを利用して、WebサイトへGoogleアナリティクスを設置して設定が完了します。

> **ヒント**　**GA4に対応していないツール**
>
> 本書執筆時点では、GA4に対応しているツールとしていないツールがあります。特に無料のブログサービスやネットショップを提供しているサービスなどが対応していません。2023年7月に旧Googleアナリティクスが終了することを考えると、今後随時対応していく可能性は高いと思われますが、自分のWebサイトや使用ツールに設置できるかどうか不明な場合は、サービス提供元に確認してみましょう。

2-3 GoogleアナリティクスをWebサイトに設置しよう

Googleアナリティクス側で発行したGoogleタグを使って、自分のWebサイトへ設置しましょう。まずは一般的なWebサイトへ設置する手順を解説します。

HTMLで作成されたWebサイトへ設置しよう

HTMLで作成されたWebサイトへGoogleアナリティクスを設置します。P.036でメモしたGoogleタグを、解析したいすべてのページに貼り付けます。

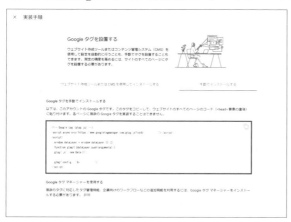

Googleタグ

① WebサイトのHTMLを編集可能な状態にします。

```
<!DOCTYPE html>
<html lang="ja-JP">
<head>
<meta charset="utf-8"/>
<meta http-equiv="X-UA-Compatible" content="IE=edge"/>
<meta name="description" content="テストテストテスト"/>
<meta name="robots" content="index, follow, archive"/>
<meta property="st:section" content="テストテストテスト"/>
<meta name="twitter:title" content="トップ"/>
<meta name="twitter:description" content="テストテストテスト"/>
<meta name="twitter:card" content="summary_large_image"/>
<meta property="og:url" content="xxxxxxxxxxxxxxxxxxxxxxxxxxxxxx"/>
<meta property="og:title" content="トップ"/>
<meta property="og:description" content="テストテストテスト"/>
<meta property="og:type" content="website"/>
<meta property="og:locale" content="ja_JP"/>
<meta property="og:site_name" content="</title>
  </head>
```

②「Googleタグ」を<head>の直後に貼り付けて保存します。

```
<!DOCTYPE html>
<html lang="ja-JP">
<head>

<!-- Google tag (gtag.js) -->
<script async src="https://www.googletagmanager.com/gtag/js?id=G-         "></script>
<script>
  window.dataLayer = window.dataLayer || [];
  function gtag(){dataLayer.push(arguments);}
  gtag('js', new Date());

  gtag('config', 'G-         ');
</script>

<meta charset="utf-8"/>
<meta http-equiv="X-UA-Compatible" content="IE=edge"/>
<meta name="description" content="テストテストテスト"/>
<meta name="robots" content="index, follow, archive"/>
<meta property="st:section" content="テストテストテスト"/>
<meta name="twitter:title" content="トップ"/>
<meta name="twitter:description" content="テストテストテスト"/>
<meta name="twitter:card" content="summary_large_image"/>
<meta property="og:url" content="xxxxxxxxxxxxxxxxxxxxxxxxxxxxx"/>
<meta property="og:title" content="トップ"/>
<meta property="og:description" content="テストテストテスト"/>
<meta property="og:type" content="website"/>
<meta property="og:locale" content="ja_JP"/>
<meta property="og:site_name" content="</title>
  </head>
```

③ タグを貼り付けたら、HTMLデータをサーバーへアップロードします。

　「Googleタグ」は、解析したいすべてのページに貼り付ける必要があります。Web制作用のアプリや専用の管理アプリでは、HTMLのヘッダー部分だけが別データとして保存されている場合があります。そのときは、ヘッダー部分のみを編集すると全ページにタグが反映されます。

> **ヒント　設置が難しい場合は制作会社へ**
>
> HTMLの編集は専門知識を必要とします。また設定したものをサーバー側へアップロードする作業も、専用のソフトを準備したり事前にアップロードするための設定が必要となります。自力で行うのが難しい場合は、Web制作会社や代理店などに依頼して設置してもらうこともできます。

Googleアナリティクスを WordPressに設置しよう

WordPressはCMS（Contents Management System）と呼ばれるブログ型のWebサイト構築ツールです。多くのWebサイトに導入されています。設置方法はいくつかありますが、ここでは直接テーマに貼り付ける方法を解説します。

WordPressに設置しよう

WordPressで作成されたWebサイトへGoogleアナリティクスを設置します。P.036でメモしたGoogleタグを使うので用意しておきましょう。

① WordPressの管理画面にログインし、［外観］→［テーマファイルエディター］をクリックします。

② 「注意！」が表示されたら、［理解しました］をクリックします。

③ テーマヘッダーの [header.php] をクリックします。

ヒント **コピーをしておこう**

テーマを直接編集します。誤って記述すると表示が崩れたりログインできなくなる恐れがあります。次の操作へ進む前に、header.phpの内容をコピーして保存しておきましょう。

④ テーマヘッダーの</header>の直前に「Googleタグ」を貼り付けます。
画面をスクロールし「ファイルを更新」をクリックして完了です。

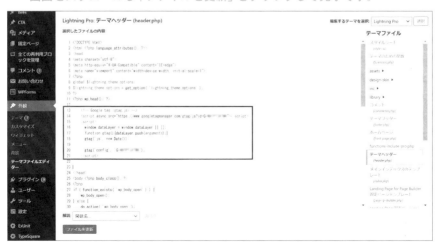

2-5 Googleアナリティクスをブログに設置しよう

Googleアナリティクスは、HTMLサイトやWordPressだけでなく、無料のブログに設置することもできます。ここではライブドアブログとはてなブログへの設置方法を解説します。このほかにも無料のブログサービスがありますが、GA4には未対応のようです。

ライブドアブログに設置しよう

ライブドアブログにGoogleアナリティクスを設置する場合は、測定IDを使います。P.035でメモした測定IDを用意しておきましょう。

① ライブドアブログにログインし、[ブログ設定]→[外部サービス]をクリックします。

② 「外部サービス連携」画面が表示されるので、スクロールします。

③ 「アクセス解析サービス設定」の項目に「Google Analytics設定
（GA4）」欄があります。ここに「G-」で始まる「測定ID」を入力し、［設定す
る］をクリックします。これで設定は完了です。

ヒント **スタッフブログを確認しよう**

ライブドアブログの設定方法は、「ライブドアブログ スタッフブログ」でも解説され
ています。
- Google アナリティクス 4 （GA4）の計測タグの埋め込みに対応しました
  https://staff.livedoor.blog/archives/51997108.html

はてなブログに設置しよう

はてなブログにGoogleアナリティクスを設置しましょう。P.035でメモした測定IDを用意しておきましょう。

① はてなブログにログインし、ダッシュボードの [設定] → [詳細設定] をクリックします。

② 各種設定画面が表示されるので、スクロールします。

③ 「解析ツール」の項目に「Googleアナリティクス4埋め込み」欄があります。
ここに「G-」で始まる「測定ID」を入力し、画面下の［変更する］をクリック
します。これで設定は完了です。

> **ヒント** **ヘルプを確認しよう**
>
> はてなブログの設定方法は、「はてなブログ ヘルプ」でも解説されています。
> - Google Analyticsを導入する
>   https://help.hatenablog.com/entry/external/google_analytics

Googleアナリティクスをネットショップに設置しよう

Googleアナリティクスをネットショップに設置することができます。各ネットショップで用意されている画面にしたがって設置します。

設置できるショップとできないショップ

楽天市場、Amazonなど大手のショッピングモールはGoogleアナリティクスを設置することができません。分析したい場合は、各ショップのシステムに付属している分析ツールを使用してください。

また、旧Googleアナリティクスは設置できても、新しいGA4は対応していないというケースもあります。ここでは、GA4に対応済みのSTORES.jpを例に解説します。

STORES.jpに設置しよう

① STORES.jpへログインし、[機能を追加] をクリックします。

② 「アドオン」の画面が表示されます。スクロールして「Google Analytics」の項目が表示されたら、[OFF] をクリックして [ON] にします。

③ 左のサイドメニューの [ストア設定] をクリックします。

④ 設定画面が表示されるので、下にスクロールします。

⑤ 「分析」の [Googleアナリティクス（GA4)] をクリックします。

⑥ 「G-」で始まる「測定ID」を貼り付けます。

⑦ 右上の [保存] をクリックします。これで設定は完了です。

ヒント **STORES Magazineを確認しよう**

STORES.jpの設定方法は、「STORES Magazine」でも解説されています。
- ストア運営に必要なGoogle Analytics連携を教えます!
  https://officialmag.stores.jp/entry/201209/googleanalytics-set

2-7 正しく設置できたか確認しよう

WebサイトにGoogleアナリティクスを設置し終わったら、正しく動作するかを確認しましょう。

正しく設置できたか確認する

　Googleアナリティクスの設置が完了しても、すぐに解析が始まるわけではありません。設置後24時間たってから、次の手順で確認します。

① Googleアナリティクスを設置したWebサイト（HTMLサイト、Wordpress、ブログ、ネットショップなど）へアクセスしたら、ブラウザで新しいタブを開きます。

② 新しく開いたタブでGoogleアナリティクスにログインし、ホームの画面へアクセスします。「過去30分間のユーザー」の欄に「0」が表示されています。

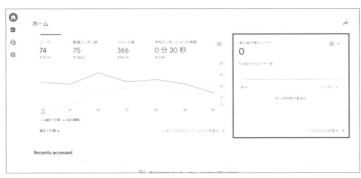

③ そのまま1分ほど待つと、「1」もしくは1以上の数字が表示され、Google
   アナリティクスが正しく設置できていることが確認できます。

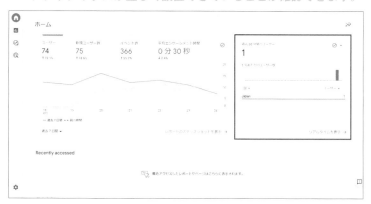

数字が「0」のままの場合

　Googleアナリティクスが設置されたWebサイトへアクセスしているにも関わ
らず、数字が「0」のままの場合は、Webブラウザの［再読み込み］をクリックし
てみてください。

　それでも変化がないようであれば、Googleアナリティクスが正しく設置されて
いない可能性があります。その場合は、貼り付けているGoogleタグが正しいか、
貼り付ける手順や場所を間違えていないかを確認してやり直します。特に
「Googleタグ」の場合は、1文字でも異なると機能しません。

> **ヒント**　　**Googleアナリティクスが動かない原因**
>
> Googleアナリティクスが正しく動かない原因は、上述したようにタグを間違えてい
> ることがほとんどです。もしくは、Googleアナリティクスの初期設定はしたものの、
> Webサイト側にGoogleタグや測定IDを貼るのを忘れていたというケースもあります。

2-8 解析前に初期設定を行おう

Googleアナリティクスが設置できたら、いよいよ解析を始めて行きます。そのままの状態でも分析はできますが、より便利に活用するため少しだけ初期設定をしておきましょう。

データ保持期間を変更しよう

Googleアナリティクスのレポートの中では「データ探索レポート」で利用できるデータが「2カ月」に設定されています。解析できる期間は長い方がよいので変更しておきましょう。

① Googleアナリティクスへログインし、✿をクリックします。

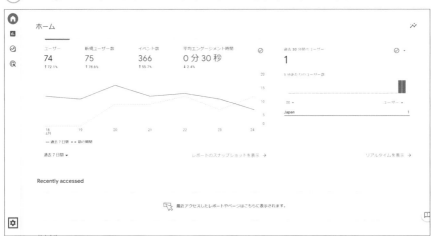

② プロパティの列で [データ設定] → [データ保持] をクリックします。

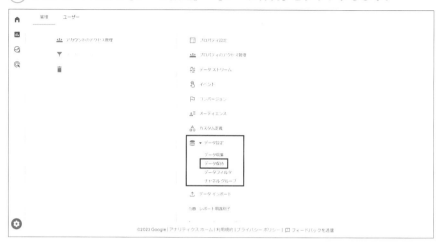

③ 「ユーザーデータとイベントデータの保持」画面が表示されます。イベント
データの保持を2カ月から14カ月へ変更し、[保存] をクリックします。

自分のアクセス情報を除外しよう

　Webサイトを運営していると、管理者や更新担当者がWebサイトに何度もアクセスするケースが多くなります。Googleアナリティクスは、こうした管理者からのアクセスもカウントしますが、あらかじめ設定しておくことで、自分のアクセスを除外して分析することができます。

　自分のアクセス情報を除外する設定は、Googleアナリティクスから行う方法もありますが、手順が複雑なので、Chromeの拡張機能を使って設定しましょう。

① Chromeで、Googleの検索画面を開きます。検索ボックスに「Googleアナリティクス オプトアウト アドオン」と入力して検索、該当のタイトルをクリックします。

② ［Google アナリティクス オプトアウト アドオンをダウンロード］をクリックします。

③ [Chromeに追加] をクリックします。

④ [拡張機能を追加] をクリックします。

⑤ 「Google Analytics オフトアウト アドオン (by Google)」がChrome
に追加されました。これで設定は完了です。

ヒント **Webブラウザごとに設定が必要**

Chromeの拡張機能を利用して自分のアクセス情報を除外する方法を解説しました
が、複数のWebブラウザを使用している場合は、Webブラウザごとに設定が必要
になります。また、この拡張機能はパソコン版のWebブラウザには有効ですが、
スマートフォンには対応していないので注意してください。

WordPressの便利なプラグインについて

　GoogleアナリティクスのWordPressへの設定について、GA4側で発行したコードをWordPressのヘッダーに直接書き込む方法を解説しましたが、プラグインを使って設置することもできます。

　プラグインは、いくつかあるのですが、ここで紹介するのはGoogleが公式に提供している「Site Kit by Google」です。このプラグインをインストールしておけば、WordPress内のコードを直接触ることなく、Googleアナリティクスを設置することができます。

○Site Kit by Googleのページ（wordpress.org内）
　https://ja.wordpress.org/plugins/google-site-kit/

　設定が完了すると、WordPress内のダッシュボードでアクセス解析を見ることができます。すべてのデータを確認できるわけではないので、詳しい分析が必要な場合は、別途Googleアナリティクスへログインする必要がありますが、簡易な数値だけでも日々確認しておきたいという場合は、導入しておくと便利です。

「Site Kit by Google」以外にも、設置に役立つプラグインがあります。

- All in one SEO pack
- Yoast SEO

　この2つは、アクセス解析というより、SEO対策の機能がメインのプラグインですが、Googleアナリティクスを設置できる機能がついています。

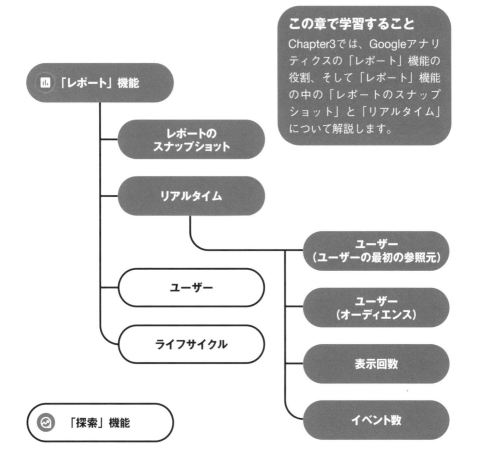

Chapter 3

「リアルタイム」で
アクセス状況を知ろう

この章で学習すること
Chapter3では、Googleアナリティクスの「レポート」機能の役割、そして「レポート」機能の中の「レポートのスナップショット」と「リアルタイム」について解説します。

「レポート」機能

レポートの
スナップショット

リアルタイム

ユーザー

ライフサイクル

ユーザー
（ユーザーの最初の参照元）

ユーザー
（オーディエンス）

表示回数

イベント数

「探索」機能

3-1 レポート機能でアクセス解析をはじめよう

Googleアナリティクスの「レポート」機能と「リアルタイム」
について学んでいきましょう。

「レポート」機能について

　Googleアナリティクスの「レポート」機能は、分析のメインとなる機能で、その中に、次のような分析画面が用意されています。必ずしもすべての機能を使うわけではありませんが、まずはどの機能がどんな役割なのかをざっと把握しておくとよいでしょう。

- レポートのスナップショット
  さまざまなレポートのダイジェスト版

- リアルタイム
  過去30分のアクセス状況

- 集客
  ユーザーがどこを経由し自サイトへアクセスしているか

- ユーザー (ユーザー属性／テクノロジー)
  どのような属性のユーザーが訪問しているか

- ライフサイクル (集客／エンゲージメント)
  ユーザーがどこを経由し自サイトへアクセスしているか、Webサイト上でどのような行動をとっているか

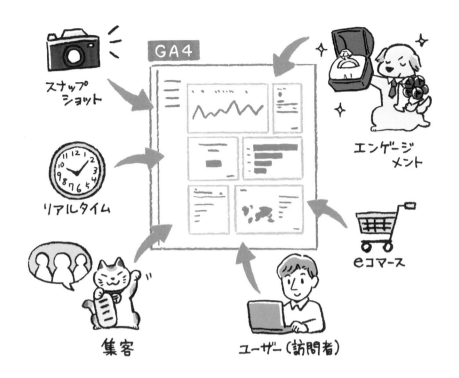

　このように「レポート」機能を使うことで、Webサイトのアクセス状況や訪問者に関する情報が取得できます。アクセスした人の中で、スマートフォンの利用者はどのぐらいか、どの地域からアクセスしているのか、あるいはどのWebサイトを経由して訪問しているのかなど、Webサイトの管理者であれば知っておきたい基本的なデータが満載です。

3-2 「レポートのスナップショット」を見てみよう

GA4の「レポート」機能の中の「レポートのスナップショット」
は、さまざまな画面のダイジェスト版です。基本の見方を押さ
えておきましょう。

「レポートのスナップショット」について

GA4にログインした状態で、左側の上から2つ目のボタンをクリックすると
「レポートのスナップショット」が表示されます。

① **GA4にログインした状態で左サイドバーの ⊞ をクリックします。**

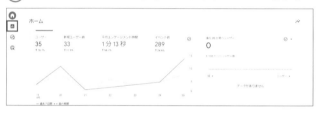

② **「レポートのスナップショット」が表示されます。さまざまな分析画面のダ
イジェスト版が表示されます。**

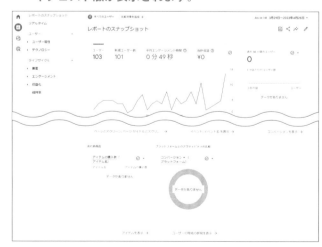

リアルタイム

今この瞬間のアクセス状況がわかる画面です。

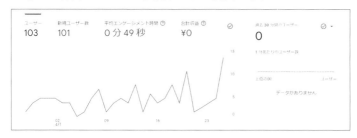

新規ユーザー数（最初のユーザのデフォルトチャネルグループ）

Webサイトに新規で訪問した人がどこから流入したかを分析できる画面です。

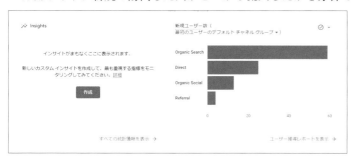

ユーザー（国）

国ごとのアクセス状況がわかる画面です。

　上記以外にも、「アクティブユーザーの傾向」「ユーザー維持率」「閲覧者が最も多いページとスクリーン」「イベント数」などの画面があります。各画面内の右下にある［○○○を表示］をクリックすると、それぞれ詳しい分析画面へ移動します。

3-3 現在のアクセス状況を確認しよう

「レポート」機能の「リアルタイム」では、過去30分以内の訪問者数やページの閲覧状況を、リアルタイムに表示することができます。

「リアルタイム」について

「レポート」機能の「リアルタイム」では、30分以内に何人アクセスしているか、どのページが閲覧されているか、アクセスしている訪問者のデバイスなどについて分析できます。

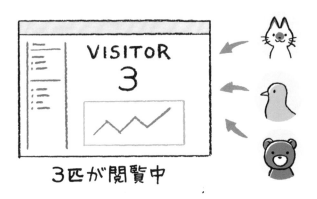

3匹が閲覧中

① 「レポートのスナップショット」画面で、左サイドバーの [リアルタイム] をクリックします。

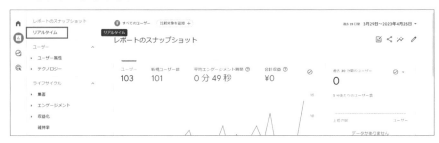

② 「リアルタイムの概要」が表示されます。

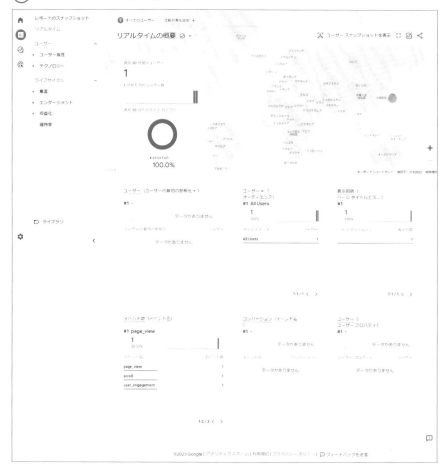

　Webサイトにアクセスしている訪問者がいない場合は、数値やグラフが空白の状態で表示されます。その場合、スマートフォンなどでWebサイトにアクセスしてみましょう。少し待つと「過去30分間のユーザー」に数字が表示されます。

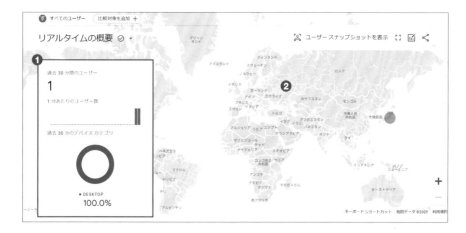

❶ 過去30分間のユーザー

過去30分間で、1分あたりのWebサイトへアクセスしている訪問者数がどう推移しているかを見ることができます。また過去30分間に、どのデバイスでアクセスがあったかも分析できます。

❷ 国別（地域別）のアクセス状況

どの地域からアクセスされているかがわかる画面です。地図上の円の大きさが、アクセス数の多さを表しています。

引き続き「リアルタイムの概要」を見ていきます。

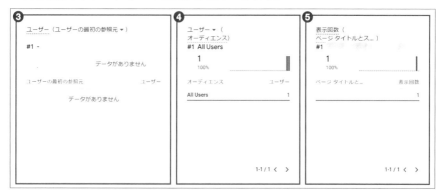

❸ ユーザー（ユーザーの最初の参照元）

Webサイトへ来たユーザーが、どこから流入してきたのかを分析できる画面です。
P.066で詳しく解説しています。

❹ ユーザー（オーディエンス）

過去30分以内にWebサイトへ訪問したユーザー数がわかります。
P.068で詳しく解説しています。

❺ 表示回数（ページタイトルとスクリーン名）

どのページが何回表示されたかがわかる画面です。UAでは「ページビュー」と呼ばれていま
したが、GA4では「表示回数」という名称になりました。
P.070で詳しく解説しています。

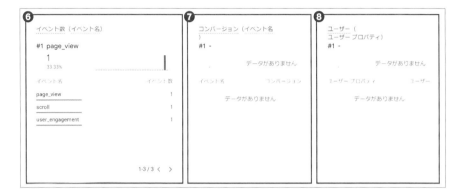

❻ イベント数

Webサイトを訪問した訪問者が、サイト上でどんな行動をとったかがわかります。
P.072で詳しく解説しています。

❼ コンバージョン（イベント名）

あらかじめ設定しておいた目標に対して、到達した数がわかります。

❽ ユーザー（ユーザープロパティ）

訪問者がアクセスしている地域やデバイス情報など、訪問者別にその属性を見ることができ
ます。ただし、別途設定が必要です。

3-4 訪問者がどこから来たか見てみよう

「ユーザー（ユーザーの最初の参照元）」では、今現在Webサイトへアクセスした人が、どこから流入してきたかを分析できます。

「ユーザー（ユーザーの最初の参照元）」について

「リアルタイムの概要」は、過去30分間のアクセス状況がわかる画面ですが、訪問者がどのサイトを経由して自サイトへ訪問したのかを分析できるのが「ユーザー（ユーザーの最初の参照元）」です。

① 「リアルタイムの概要」画面で、［ユーザー（ユーザーの最初の参照元）］をクリックします。

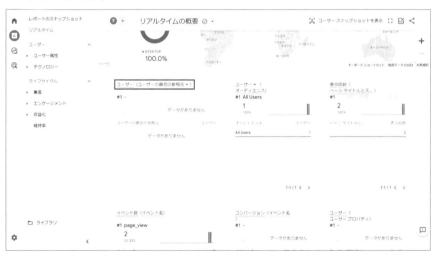

② プルダウンメニューを切り替えて、複数の指標を確認することができます。

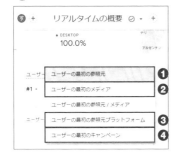

❶ ユーザー（ユーザーの最初の参照元）

訪問者が初めてWebサイトを訪れた際に、どこから来たかを分析する指標です。

「direct」はWebサイトのアドレス（URL）を直接入力して来た数、「google」はGoogle検索から来た数です。そのほかに「youtube」や「gmail」などの項目があります。

❷ ユーザー（ユーザーの最初のメディア）

訪問者が初めてWebサイトを訪れた際に、どのメディアから流入したかを分析する指標です。

affiliate	アフィリエイトプログラムから流入したユーザー
cpc	有料広告をクリックしたユーザー
email	メールのキャンペーンリンクなどをクリックしたユーザー
organic	検索エンジンをクリックしたユーザー
referral	Webサイト上のリンクをクリックして流入したユーザーなど

❸ ユーザー（ユーザーの最初の参照元プラットフォーム）

訪問者がWebサイトに流入した際、どこのプラットフォームから来ているかを分析する指標です。広告を使用している場合には、どの広告からなのかも表示されます。

DV360	ディスプレイ＆ビデオ360からの流入
Google Ads	Google広告からの流入
Manual	Googleメディア以外からの流入
SA360	検索広告360からの流入
SFMC	Salesforce Marketing Cloudからの流入
Shopping Free Listings	Google Merchant Centerからの流入など

❹ ユーザー（ユーザーの最初のキャンペーン）

広告を利用している場合に、どのキャンペーンから訪問者を獲得できたかを分析する指標です。

訪問者の種類を見てみよう

「ユーザー（オーディエンス）」では、今現在アクセスしている訪問者の種類を知ることができます。

「ユーザー（オーディエンス）」について

「リアルタイムの概要」で「ユーザー（オーディエンス）」を見てみましょう。ここでは、新規でアクセスした訪問者の数を分析することができます。

(1) 「リアルタイムの概要」画面で [ユーザー（オーディエンス）] をクリックします。

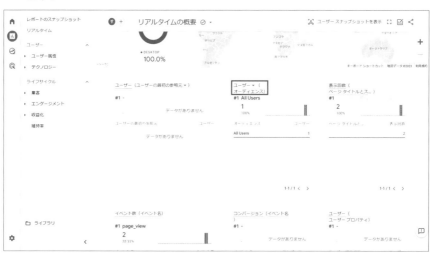

② プルダウンメニューを切り替えることで、「ユーザー」と「新規ユーザー数」
の表示を変更できます。

③ 切り替えると、新規ユーザーのみの数字が表示されます。すべてのユーザー
のうち、何人が新規でWebサイトへ訪問したかがわかります。

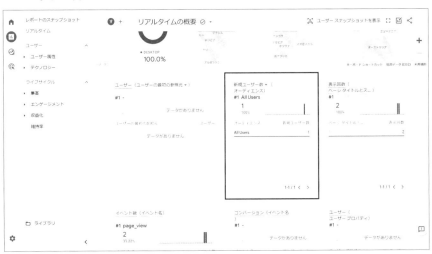

3-6 ページの表示回数を見てみよう

「表示回数（ページタイトルとスクリーン名）」では、今現在アクセスしている訪問者がどのページを閲覧しているのかを集計したデータを表示できます。

「表示回数（ページタイトルとスクリーン名）」について

　「表示回数（ページタイトルとスクリーン名）」は、どのページが何回閲覧されたかを知るための集計データです。以前は「ページビュー」と呼ばれていましたが、GA4では「表示回数」という名称になっています。

① 「リアルタイムの概要」画面の「表示回数（ページタイトルとスクリーン名）」を詳しく見てみましょう。

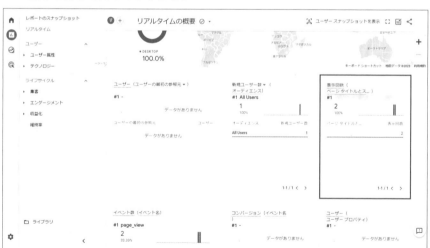

❶ 過去30分以内にアクセスされているページのうち、一番アクセスが多いページの表示回数の推移が棒グラフで表示されています。

❷ ページごとに表示回数がわかる数値が並んでいます。
表の左側に表示されている文字列は、ページのタイトル、右に表示されている数字が表示回数です（文字数が多いページタイトルは省略して表示されます）。

❸ 続きのデータがある場合は［＞］をクリックして、次のページへ移動します。

ページタイトル、表示回数、割合

　各項目にマウスポインターをのせると、詳しいページタイトル、表示回数、割合（全体の表示回数に対する割合）が表示されます。

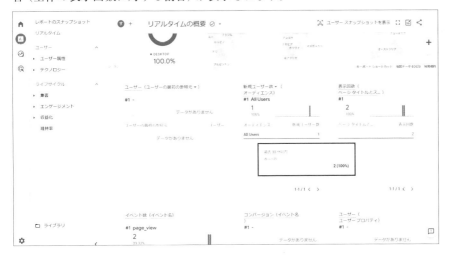

> **ヒント　ページタイトルは何の情報を引用している？**
>
> 　「表示回数」に表示されるページタイトルは、Webサイトから自動的に引用して表示しています。具体的には、ページやブログの記事を書くときに付ける「タイトル」が該当します。HTMLでいうと<title>〜</title>で囲まれた文字列で、「タイトルタグ」と呼ばれることもあります。

3-7 イベントの回数を見てみよう

「イベント数」は、今現在アクセスしているユーザーが、Web
サイト内でどんな行動をしたのかを分析できる数値です。

「イベント数」について

　「イベント数」では、ページ遷移を伴わないユーザーの行動について分析した
データを知ることができます。具体的にはユーザーが"ページを閲覧した""スク
ロールした""ファイルをダウンロードした""ログインした"などの行動をした時
に、その数を集計しています。

① 「リアルタイムの概要」画面で「イベント数」を詳しく見てみましょう。

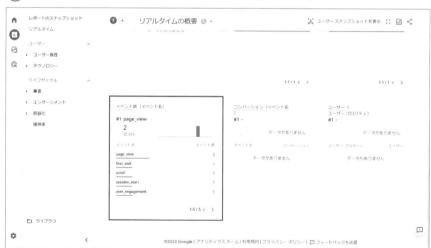

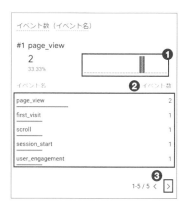

❶ 過去30分以内に発生したイベントの中で、最も多いイベントの推移が棒グラフで表示されています。

❷ イベント数がわかる数値が並んでいます。
表の左側に表示されている文字列は、ページのタイトル、右に表示されている数字が表示回数です。（文字数が多いページタイトルは省略して表示されます）

❸ 続きのデータがある場合は［＞］をクリックして、次のページに移動します。

おもなイベントの種類

各項目にマウスポインターをのせると、イベント名、イベント数、割合（全体のイベント数に対する割合）が表示されます。

page_view	ページが表示された回数
scroll	ページがスクロールされた回数（ページの90%までスクロールされると計測される）
file_download	ファイルがダウンロードされた回数
Click	外部へのリンクをクリックした回数
first_visit	初回訪問の回数
view_item_list	ネットショップで商品一覧が表示された回数
view_cart	ネットショップでカートのページが表示された回数
add_to_cart	ネットショップで商品がカートへ追加された回数

タグマネージャーについて覚えておこう

Chapter2でGoogleアナリティクスをWebサイトに設置して動かすための方法について解説しました。Googleアナリティクスにログインして所定のコードを発行、それをWebサイトやWordPress、その他のサイトへ貼り付ける方法を紹介していますが、Googleアナリティクスを動かすために「Google タグマネージャー」を使う方法もあります。

Googleタグマネージャーは、Googleが提供する無料のツールで、「GTM」と記載されることもあります。さまざまなタグを一元管理する機能を持っています。たとえば、アクセス解析以外の分析ツール（Web広告や画面上で訪問者の動きを分析するヒートマップツールなど）を追加したい場合、その都度Webサイト全体へコードを追加しなければならなくなります。

Webサイトの操作や改変に慣れていない場合、こうした作業は社内の担当者に依頼することになりますが、そうした人材や部署がいない、あるいは1人～少数でビジネスをしている場合は、外部に依頼することになるでしょう。そんな時にタグマネージャーが入っていると、自分達での管理がしやすくなります。

本書では、導入のハードルを低くするため、Googleタグマネージャーを使わず、Googleアナリティクスのみ設置する方法について解説していますが、今後複数のタグを設置する可能性があるのであれば、これを機にGoogleタグマネージャーの導入を検討してもよいと思います。Googleタグマネージャーの詳細については、公式サイトを参照してください。

https://marketingplatform.google.com/intl/ja/about/tag-manager/

Chapter 4

「ユーザー」で訪問者について知ろう

この章で学習すること

Chapter4では、Googleアナリティクスの「レポート」機能の中の「ユーザー」について解説します。

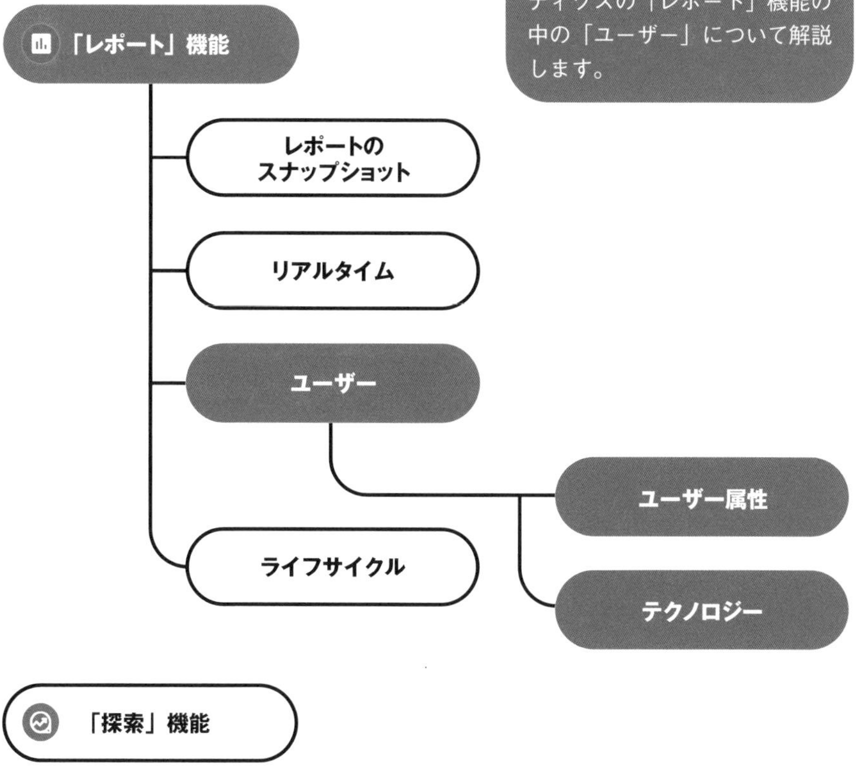

「レポート」機能
レポートのスナップショット
リアルタイム
ユーザー
ユーザー属性
テクノロジー
ライフサイクル
「探索」機能

4-1 訪問者について知ろう

Googleアナリティクスの「レポート」機能には、ユーザーの属性を分析できる機能があります。Webサイトにアクセスしているユーザーについて詳しく調べてみましょう。

「ユーザー」について

　Webサイトを運営していて「どんな人がサイトにアクセスしているのか？」を知りたいと思ったことはないでしょうか。Googleアナリティクスの「レポート」機能には、どこの地域からアクセスしているか、アクセスしている訪問者はどんなデバイスを使っているか等を調べる機能があります。

　個人を特定する機能ではありませんが、訪問者が居る地域や使っているデバイス、ブラウザの種類の集計を見ることで、ある程度の傾向が見えてくるのではないでしょうか。アクセス解析の基本中の基本とも言える機能です。

　一部「リアルタイム」と似た画面も出てきます。リアルタイムが過去30分以内のアクセス状況であるのに対し、「ユーザー」では指定した期間内での集計になっています。

> **ヒント　デバイスとは**
>
> デバイスとは、パソコンやスマートフォン、タブレットなどのデジタル機器のことです。また、それらに接続して使うモニターやキーボード、マウス、イヤホンなどの総称です。端末という言い方もあります。何度も登場するので、覚えておきましょう。

▎「ユーザー」の2つの機能

「ユーザー」は大きく分けて2つの項目があります。

ユーザー属性

- 国
- 市町村
- 言語

テクノロジー

- オペレーティングシステム (OS)
- プラットフォーム デバイス
- ブラウザ
- デバイスカテゴリ
- 画面の解像度

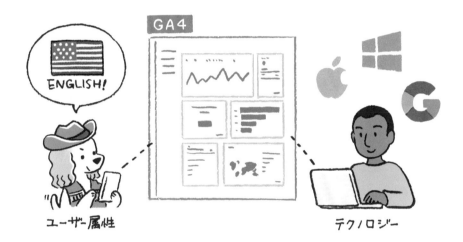

ユーザー属性　　　　　　　　　　　　　　　　テクノロジー

　このように、アクセスしている訪問者の詳細について、詳しく知るための指標が用意されています。これらの項目を使って、訪問者の属性について調べてみましょう。

4-2 訪問者の種類を詳しく知ろう

Googleアナリティクスには、訪問者の属性について詳しく分析できる機能がついています。この機能を使って、訪問者の状況を詳しく見てみましょう。

「ユーザー属性」について

Googleアナリティクスの「ユーザー」には「ユーザー属性」という項目があります。Webサイトへの訪問者が、どの国どの地域から訪れているのか、どんな環境（端末）からアクセスしているのかがわかります。

① ［ユーザー］→［ユーザー属性］→［概要］の順にクリックします。

ヒント　**性別や年齢は取得できる?**

現時点で、GA4で訪問者の性別や年齢のデータは取得できません（以前のUAにはありました）。ただし、データは空のままでも項目があるということは、今後取得できるようになる可能性があります。

② 「ユーザー属性サマリー」が表示されます。

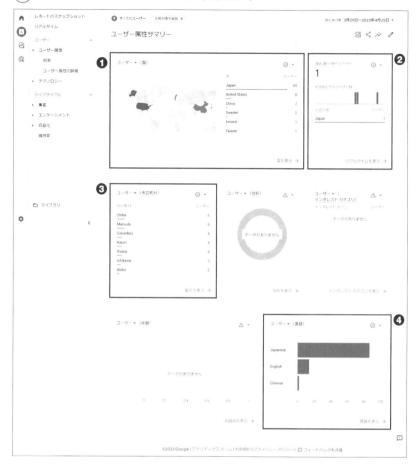

❶ ユーザー (国)
訪問者がどの国からアクセスしているのかがわかる項目です。

❷ 過去30分間のユーザー
過去30分以内のアクセス状況を確認できます。この項目はChapter3で解説した「リアルタイム」のデータと紐づいています。

❸ ユーザー (市区町村)
どの市区町村から何人アクセスしているのかがわかる項目です。

❹ ユーザー (言語)
Webサイトにアクセスした訪問者が使用している言語がわかる項目です。

4-3 地域別の訪問者数を調べてみよう

Googleアナリティクスの「ユーザー属性サマリー」では市区町村ごとに、訪問者数を確認できる機能がありますが、さらに詳しく分析できる機能がついています。

市区町村別にアクセス状況を見てみよう

「ユーザー属性サマリー」では、市区町村ごとの訪問者数が多い順に7番目まで表示されていましたが、さらに詳しく確認できる機能があるので、見てみましょう。

① 左サイドバーで [ユーザー属性] の下にある [概要] をクリックし、「ユーザー（市区町村）」の下部に表示されている [都市を表示] をクリックします。

② 「ユーザー属性の詳細: 市区町村」の画面が表示されます。ここでより詳しい分析ができます。

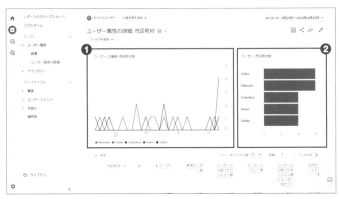

❶ ユーザーの種類：市区町村別

市区町村別のユーザー数が折れ線グラフで確認できます（上位5位まで）。

❷ ユーザー：市区町村別

市区町村別のユーザー数が横棒グラフで確認できます。

③ さらに画面をスクロールすると、表形式で市区町村ごとのアクセス状況が表示されます。

隠れているデータの見方

　一覧形式のデータは、上位から10個目までが表示されています。これ以上を表示したい場合は、以下の項目を操作します。

❶ 1ページあたりの行数

　［▼］をプルダウンすると、10、25、50…と表示項目数を変更することができ、最大5,000行まで表示できます。

❷ 移動

ページ番号を指定して移動することができます。

❸ 矢印で移動

　［＜］［＞］をクリックすることで、先のページへ進む／前のページへ戻る操作ができます。

「ユーザー属性の詳細：市区町村」について

「ユーザー属性の詳細：市区町村」の画面では、以下の内容について分析することができます。

❶ ユーザー

市区町村ごとにアクセスした訪問者数が多い順に並んでいます。どの地区からのアクセスが多い（少ない）かがわかります。

		103 全体の100%	101 全体の100%	68 全体の100%	51.91% 平均との差 0%	0.66 平均との差 0%	0 分 49 平均との差
1	(not set)	33	29	10	27.78%	0.30	1 分 01
2	Chiba	6	5	4	50%	0.67	0 分 22
3	Matsudo	6	6	7	53.85%	1.17	1 分 42
4	Columbus	4	4	0	0%	0.00	0 分 00
5	Katori	4	4	2	50%	0.50	1 分 46
6	Osaka	4	4	4	80%	1.00	0 分 16
7	Ichikawa	3	3	4	57.14%	1.33	0 分 44
8	Abiko	2	2	3	100%	1.50	0 分 38
9	Higashihiroshima	2	2	2	100%	1.00	1 分 25
10	Iwaizumi	2	2	1	50%	0.50	0 分 21

この表では「Matsudo（松戸市）」「Chiba（千葉市）」などからのアクセスが多く、またそれぞれの訪問者数も表示されています。

> **ヒント　(not set) とは**
>
> 表の一番上に表示されている (not set) は、Googleアナリティクスでうまくデータを取得できなかった時に表示されます。

❷ 新規ユーザー数

訪問者総数のうち、何人が新しくアクセスした訪問者なのかがわかります。

❸ エンゲージのあったセッション数

エンゲージメントとは、Webサイト訪問後10秒以上経過する、あるいはページ閲覧が2件以上発生したセッション回数、コンバージョンイベントが発生した状態を示す指標です。エンゲージメントについては、Chapter6でも詳しく解説します。

画面を右方向にスクロールすると、隠れている指標が表示されます。

❹ エンゲージメント率

Webサイトに訪問した訪問者のうち、決められた操作を行った訪問者の割合です。
エンゲージのあったセッション数÷セッション×100（%）の計算式で算出しています。

❺ エンゲージのあったセッション数（1ユーザーあたり）

Webサイトに訪問した訪問者1人あたり、何回エンゲージメントが発生したかを知る指標です。

❻ 平均エンゲージメント時間

訪問者がページ上でフォーカス状態にあった時間の平均です。数字が大きいほど、訪問者の滞在時間が長くなります。

❼ イベント数

どのぐらいイベント数が発生したかを知るための指標です。

❽ コンバージョン

目標に到達した数値がわかる指標です。データを確認するには、事前の設定が必要です。

ヒント **セッションとは**

Webサイトに訪問した訪問者がサイトに流入してから離脱するまでの一連の流れをセッションといいます。訪問者が無操作の状態で30分間が経過するとセッションが終了します。30分以上無操作が続き、再度同じ訪問者がWebサイトを閲覧する動作を行った場合は2セッションとなります。

4-4 訪問者のデバイスを調べよう

Googleアナリティクスでは、ユーザーが閲覧している環境を知るための指標が用意されています。どんな端末を使っているか、ブラウザの種類などを分析し、ユーザー像を知る手がかりにしましょう。

「テクノロジー」について

「ユーザー」の中の「テクノロジー」では、訪問者の使用環境を知ることができます。Webサイトを運営していると、ユーザーがアクセスしているデバイスはパソコンかスマートフォンか、スマートフォンだったらiPhoneなのかAndroidなのか気になったことはありませんか？

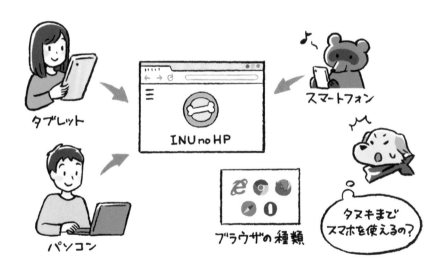

テクノロジーでは、以下の指標について分析することができます。

- 訪問者のオペレーティングシステム（OS）
- プラットフォーム（パソコン、モバイル、タブレット）
- ブラウザ（訪問者が閲覧時に使用しているブラウザ）
- 画面の解像度
- アプリを使用している場合のアクセス状況　など

「テクノロジー」を表示しよう

① Googleアナリティクスにログインした状態で ⊞ をクリックし、「ユーザー］→［テクノロジー］をクリックします。

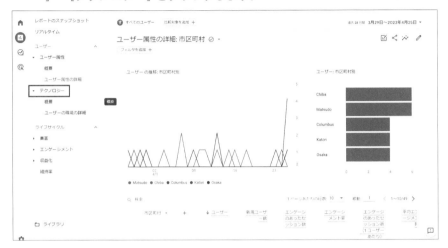

② ［テクノロジー］の下にさらに2つのメニューが展開されるので、［概要］をクリックします。

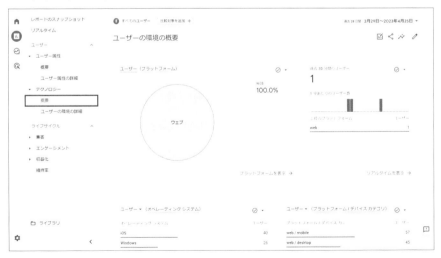

「ユーザーの環境の概要」について

「テクノロジー」の中で最初に押さえておきたい「ユーザーの環境の概要」について解説します。

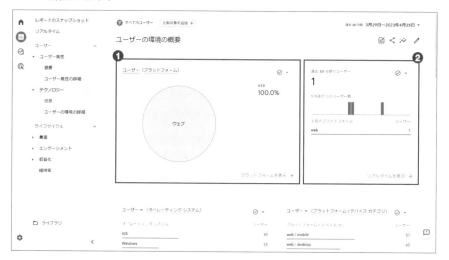

❶ ユーザー（プラットフォーム）

訪問者のアクセスが、Webサイト（パソコン、スマートフォン、タブレット）なのか、アプリ（iPhone、Android）なのか、それらの割合がわかる指標です。特にWebサイト閲覧用のアプリなどを提供していない場合は、「WEB 100％」と表示されます。

❷ 過去30分間のユーザー

過去30分以内のアクセス状況を確認できます。この項目はChapter3で解説した「リアルタイム」のデータと紐づいています。

❸ ユーザー（オペレーティングシステム）

訪問者がWebサイトを閲覧する際、何のOS（オペレーティングシステム）を使用しているかがわかります。

❹ ユーザー（プラットフォーム/デバイス カテゴリ）

訪問者が使用している端末（パソコン、スマートフォン、タブレット）の割合が表示されます。また、各項目の割合が円グラフで表されています（点線部分）。

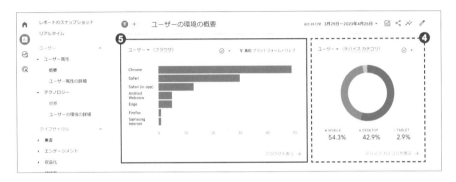

❺ ユーザー（ブラウザ）

訪問者が使用しているWebブラウザの種類と利用数がわかります。

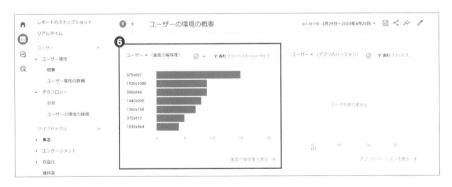

❻ ユーザー（画面の解像度）

Webサイトを訪問した訪問者の画面の解像度が表示されます。単位はピクセル、横×縦の解像度がわかります。

ここまで、訪問者がどんな環境からアクセスしているのかをざっと調べる方法について解説しましたが、さらに詳しく分析する方法があります。ユーザー環境の詳細を見てみましょう。

「ユーザーの環境の概要」の詳細

「テクノロジー」の「ユーザーの環境の概要」で、Webサイトに訪問している訪問者の閲覧環境が分析できることがわかりました。「ユーザーの環境の概要」には、さらに詳細を分析する機能が用意されているので、見てみましょう。

この項目では、以下の指標について分析することができます。

- オペレーティングシステム
- プラットフォーム/デバイス カテゴリ
- Webブラウザ
- デバイスカテゴリ
- 画面の解像度

① 各項目の右下にある [○○○を表示] をクリックすると、詳細画面が表示されます。

オペレーティングシステムを調べよう

P.088の画面で［オペレーティングシステムを表示］をクリックします。

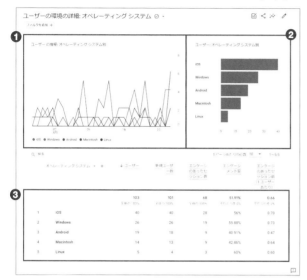

❶ ユーザーの推移：オペレーティングシステム別

訪問者が使用している端末のオペレーティングシステム（OS）の推移が日ごとに、折れ線グラフで表示されています。

❷ ユーザー：オペレーティングシステム別

訪問者が使用しているOSが多い順に横棒グラフで表示されています。

❸ オペレーティングシステムの一覧

訪問者の端末で使用されているOS別の数値が一覧形式で表示されています。

プラットフォーム / デバイス カテゴリを調べよう

P.088の画面で［プラットフォームデバイスを表示］をクリックします。

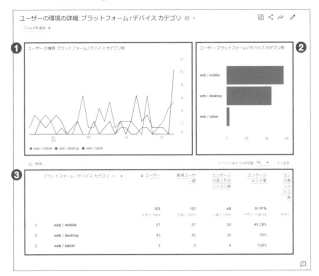

❶ ユーザーの推移：プラットフォーム/デバイス カテゴリ別

訪問者が使用しているデバイス別の推移が日ごとに、折れ線グラフで表示されています。

❷ ユーザー：プラットフォーム/デバイス カテゴリ別

訪問者が使用しているデバイスがカテゴリ別に横棒グラフで表示されています。

❸ プラットフォーム/デバイス カテゴリの一覧

訪問者が使用しているプラットフォーム/デバイス カテゴリの数値が一覧形式で表示されています。

| ヒント | ユーザーが使っているデバイスとは？ |

ユーザーが使っているデバイスですが、ここで分析できるのはおもに「web/mobile」（スマートフォン）、「web/desktop」（パソコン）、「web/tablet」（タブレット）の3種類です。分類名が英語になっていますが、いずれも身近なものなので覚えておきましょう。

Webブラウザを調べよう

P.088の画面で［ブラウザを表示］をクリックします。

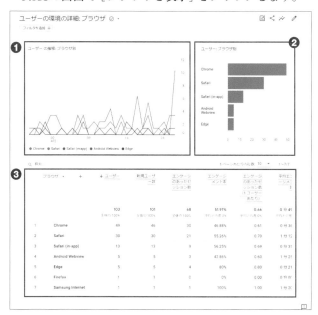

❶ ユーザーの推移：ブラウザ別

訪問者が使用しているWebブラウザ別の推移が日ごとに、折れ線グラフで表示されています。

❷ ユーザー：ブラウザ別

訪問者が使用しているWebブラウザが種類別に横棒グラフで表示されています。

❸ ブラウザの一覧

訪問者が使用しているブラウザの種類の数値が一覧形式で表示されています。

| ヒント | **Webブラウザの種類について** |

Wwbブラウザは、インターネット上でWebサイトを表示するためのソフトウェアです。代表的なものはChrome（クロム/Googleが提供するWebブラウザ）、Safari（サファリ／Macにインストールされているwebブラウザ）、Edge（エッジ/Windowsにインストールされているwebブラウザ）があります。また、Safari (in-app)のように、スマートフォンに搭載されているWebブラウザは、別種類の指標としてして扱われています。

デバイス カテゴリを調べよう

P.088の画面で［デバイス カテゴリを表示］をクリックします。

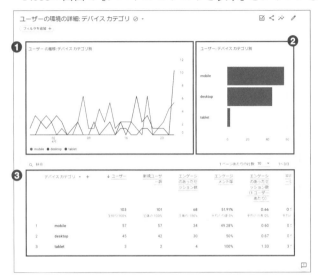

❶ ユーザーの推移：デバイス カテゴリ別

訪問者が使用しているデバイス カテゴリ別の推移が日ごとに、折れ線グラフで表示されています。

❷ ユーザー：デバイス カテゴリ別

訪問者が使用しているデバイスがカテゴリ別に横棒グラフで表示されています。

❸ デバイス カテゴリ別一覧

訪問者が使用しているデバイス カテゴリ別の数値が一覧形式で表示されています。

> **ヒント** 　**プラットフォーム/デバイス カテゴリとの違い**
>
> P.090で解説した「プラットフォーム/デバイス」では、「プラットフォーム（Webやアプリ）」とデバイスを合わせた指標になっているのに対し、ここで解説している「デバイス カテゴリ」では「mobile」「desktop」「tablet」とデバイス単体のデータになっています。

画面の解像度を調べよう

P.088の画面で［画面の解像度を表示］をクリックします。

❶ ユーザーの推移：画面の解像度別

訪問者が使用しているデバイスの解像度別推移が日ごとに、折れ線グラフで表示されています。

❷ ユーザー：画面の解像度別

訪問者が使用しているデバイスが解像度別に横棒グラフで表示されています。

❸ 画面の解像度別一覧

訪問者が使用しているデバイスの解像度の数値が一覧形式で表示されています。

4-6 地域とデバイスをかけ合わせてみよう

Googleアナリティクスでは、2つの指標をかけ合わせてデータを分析することができます。さまざまな画面で活用することができるので、覚えておきましょう。

地域とデバイスのかけ合わせ

　ここまでは各画面単体の見方について解説してきましたが、実際にデータを活用する場合、AとBの数値をかけ合わせ分析したいことがあります。そこで、指標をかけ合わせて、より詳しく分析する方法について解説します。

　たとえば、ある特定の地域からアクセスしている訪問者の中で、モバイルを使っている人の数を知りたいというケースがあったとしましょう。このような分析をしたい場合、以下の流れで操作します。

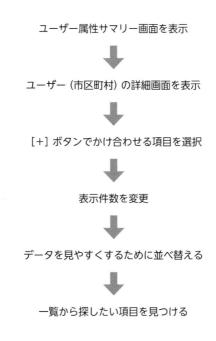

さまざまなデータをかけ合わせることで、より詳細な分析ができるようになります。本書では、地域（市区町村）とデバイスのカテゴリを例に解説していますが、地域を都道府県に変えたり、かけあわせる項目をデバイスではなく、よく閲覧されているページに変更して分析することもできます。

特定の市でモバイルユーザーの数を知りたい場合

　松戸市（千葉県）でモバイルユーザーの数を知りたい場合を例に、解説していきます。

① 左のサイドバーで［ユーザー］→［ユーザー属性］→［概要］の順にクリックします。

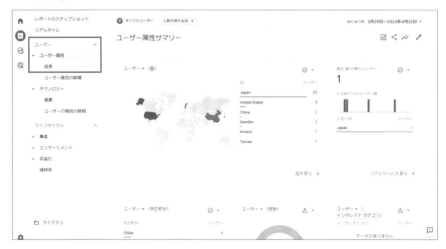

② スクロールして「市区町村」を表示し、右下の［都市を表示］をクリックします。

③ 「ユーザー属性の詳細: 市区町村」の画面が表示されたら、スクロールして
一覧表を表示します。

④ 「市区町村」の横の [＋] をクリックします。

⑤ かけ合わせができる指標が表示されます。ここでは [プラットフォーム/デ
バイス] → [デバイス カテゴリ] を選びます。

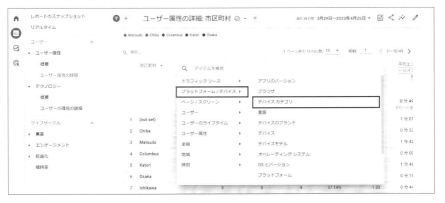

⑥ 2列目に「デバイス カテゴリ」が表示されました。

⑦ ここでは「松戸市」の状況を知りたいので、表示件数を増やしてみます。「1
ページあたりの行数」の横にある［10▼］をクリックします。

⑧ プルダウンメニューが表示されます。表示数を変更しましょう。

⑨ 表示件数が増えました。スクロールすると、1ページの内で表示できる項目数が増えます。

⑩ もう少し表を見やすくするために、並び順を変更します。ここではアルファベット順に並べたいので「市区町村」の左側の［↓］をクリックします。

⑪ アルファベット順に並び、見やすくなりました。

⑫ 画面をスクロールしていくと「Matsudo」と書かれた項目が表示され、
「desktop」と「mobile」の数がわかります。この項目で「松戸市内からア
クセスしているモバイルユーザーの数」を知ることができます。

「検索」で探すこともできる

　前ページでは、表を並び順を操作して見やすくし、データを探しましたが、「検索」で探すこともできます。

① 「市区町村」の上部にある「検索」に「Matsudo」と入力して、キーボードの Enter キーを押します。

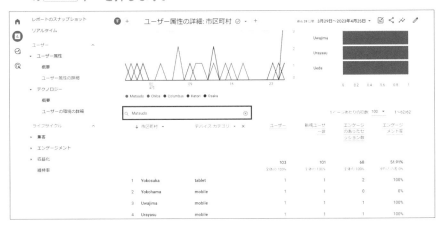

② 検索結果が表示されました。

> **ヒント　さまざまなかけ合わせが可能!**
>
> ここで解説したAとBのデータをかけ合わせる分析方法は、いろいろな場面で活用できます。たとえば、モバイルユーザーの中で、iOSを使っている人はどのぐらいか、あるいは最新バージョンのOSを使っている人の数など、さまざまな指標で使えるので活用しましょう。

Googleアナリティクスを難しいと感じてしまう理由

　Googleアナリティクスを使って分析することは大事だとわかっていても、やはり難しいと感じてしまう人もいるのではないでしょうか。なぜ難しいのか、理由はさまざまでしょうが、その1つとして用語の難しさがあると考えられます。

　セッション、ディメンション、オーディエンス、セグメント、データストリーム、プロパティなど、普段生活をする中で、ほとんど使われない用語がたくさん並んでいます。1つ1つネットで調べながら理解し、ようやく分析にたどりつく……大変ですよね。GA4では、「イベント」の概念も加わりました。

　これらの用語を早く身に着けるためには、やはり繰り返し画面を見て、覚えていくのが一番の近道です。本書では、巻末に用語解説を掲載しています。不明な用語が出てきた時には、ぜひ確認しながら読み進めてください。

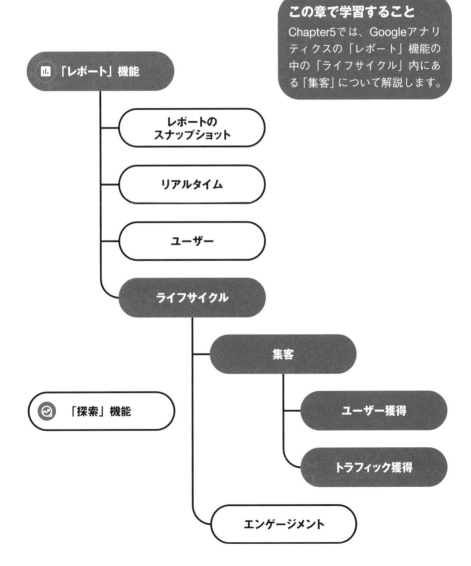

Chapter

5

「集客」で訪問者の
行動を知ろう

この章で学習すること
Chapter5では、Googleアナリティクスの「レポート」機能の中の「ライフサイクル」内にある「集客」について解説します。

- 「レポート」機能
  - レポートのスナップショット
  - リアルタイム
  - ユーザー
  - ライフサイクル
    - 集客
      - ユーザー獲得
      - トラフィック獲得
    - エンゲージメント
- 「探索」機能

5-1 訪問者の行動を知ろう

Googleアナリティクスの「ライフサイクル」は、Webサイトへの流入経路を分析したり、訪問者の行動がわかる機能です。それぞれ詳しく調べてみましょう。

「ライフサイクル」の3つの機能

Chapter4までは「レポート」機能の中の「ユーザー」という項目について解説してきましたが、Chapte5から「レポート」機能の中の「ライフサイクル」についての解説になります。「ライフサイクル」には大きく分けて3つの分析機能が用意されています。

- 集客
  ユーザーがどの経路からWebサイトへ流入してきたかを分析できる機能

- エンゲージメント
  ユーザーがWebサイト内でどのような行動をしたかを分析できる機能

- 収益化
  おもにECサイト（ネットショップ）の分析などで使用する機能
  ※本書では扱いません

「ライフサイクル」で訪問者の行動がわかる

Webサイトの訪問者について考えたときに"自サイトへ訪問した訪問者がよく通るルート"や"自サイト内でよく閲覧されているページ"を知りたいと思うことがあると思います。そんな時に、活用できるのが「ライフサイクル」です。

5-2 訪問者の行動を詳しく知ろう

「集客」は、Webサイトへ流入する訪問者がどこから来ているのかを分析することができます。分析機能で、訪問者の流入経路を詳しく見てみましょう。

「集客」について

「集客」では、訪問者がどのような経路で自サイトへ訪問したかがわかります。訪問者の流入経路を知り、どこからのアクセスが多いのか（少ないのか）を把握することで、Webサイトへの集客施策を検討する材料になります。訪問者の流入経路について分析してみましょう。

① 左サイドバーで［ライフサイクル］→［集客］→［概要］の順にクリックします。

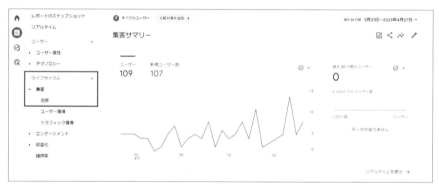

ヒント　ユーザーとセッション

Googleアナリティクスでは、訪問者の数を集計するのに、ユーザーとセッションの2種類の方法があります。これらの違いはP.107で解説しています。

② 「集客」について分析できるダイジェスト版が表示されます。

❶ ユーザー/新規ユーザー数

期間内にWebサイトを訪問した人の数です。「新規ユーザー数」は、新しく訪れた訪問者です。

❷ 過去30分間のユーザー

過去30分以内のWebサイトの訪問状況です。「リアルタイム」の画面に繋がっています。

❸ 新規ユーザー数

Webサイトに新しく訪問した訪問者が、どこから流入しているかがわかります。

例）同じ人が1日のうちに複数回訪問しても「1」とカウントされます。

❹ セッション

1日で複数回訪問があった訪問者の訪問回数も加えた合計訪問数を表示しています。

例）1日に同一訪問者が30分以上間をおいて、3回訪問した場合「3」とカウントします。

❺ セッション（広告）

Google広告を使用し、設定している場合はこの項目に表示されます。

5-3 訪問者の行動の推移を調べよう

「集客」についてもう少し詳しく分析してみましょう。まずは「ユーザー獲得」の画面で、Webサイトへの訪問者がどのような経路でたどり着いたのかを見ていきます。

「ユーザー獲得」について

「集客」の「ユーザー獲得」で、Webサイトへの訪問者がどのような経路で流入しているのかを見てみましょう。

① 左サイドバーで［ライフサイクル］→［集客］→［ユーザー獲得］の順にクリックします。

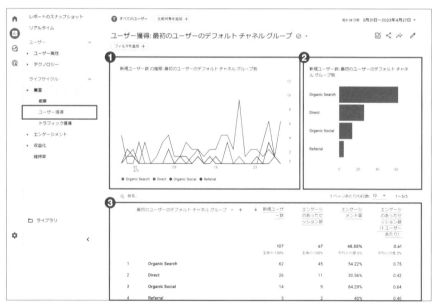

❶ 新規ユーザー数の推移：最初のユーザーのデフォルトチャネルグループ別

新規の訪問者がどのメディアから流入しているかを折れ線グラフ形式で表示されます。グラフにマウスを近づけると、日ごとの数値が表示されます。

108

❷ 新規ユーザー数：最初のユーザーのデフォルトチャネルグループ別

新規の訪問者がどのメディアから流入しているかを横棒グラフで表示されます。
グラフにマウスを近づけると、メディアごとの数値が表示されます。

❸ 最初のユーザーのデフォルトチャネルグループ

新規の訪問者がどのチャネル（経路）から流入しているかを一覧形式で見ることができます。
表の1行目に表示される名称の解説は以下の通りです。

新規ユーザー数	新規でWebサイトに訪問したユーザー
エンゲージのあったセッション数	10秒以上の継続閲覧、2回のページ閲覧が発生したなどの回数
エンゲージメント率	エンゲージのあったセッションの割合。計算方法は、エンゲージのあったセッション数÷セッション数
エンゲージのあったセッション数（1ユーザーあたり）	1ユーザーあたりエンゲージのあったセッション数
平均エンゲージメント時間	Webサイト上でフォーカス状態（アクティブな状態）にあった時間の平均値
イベント数	ユーザーがイベントを発生させた回数
コンバージョン数	Webサイト内での成果（目標）に到達した行動の数 ※あらかじめ事前設定が必要
合計収益	ネットショップで発生した収益の合計 ※eコマース設定が必要

※エンゲージメントの意味については第6章で詳しく解説しています。

指標に関する用語について

「ユーザー獲得」の画面には「Direct」や「Organic Search」などの英語の指標が表示されています。おもな英語の指標について解説します。

Direct	ブラウザに直接URLを入力するなどして流入
Organic Search	検索エンジンからの流入
Paid Search	広告からの流入（検索結果に表示される広告）
Display	広告からの流入（Webサイトやアプリ内に表示される広告）
Paid Video	YouTube広告からの流入
Organic Video	YouTubeからの流入
Organic Social	SNSからの流入
Referral	他サイトからのリンク経由で流入

5-4 さらに訪問者の行動の推移を調べよう

前ページで解説した「ユーザー獲得」と似たような指標に「トラフィック獲得」があります。「ユーザー獲得」が「ユーザー」を軸にした数値であることに対し、「トラフィック獲得」は「セッション」を軸として集計しています。

■「トラフィック獲得」について

　「ユーザー獲得」で表示されるのは、初回にアクセスしたデータです。2回目以降は表示されません。一方、「トラフィック獲得」で表示されるのは、すべてのアクセスデータです。つまり、初回のアクセス状況を知りたければ「ユーザー獲得」、すべてのデータを知りたい場合は「トラフィック獲得」を使います。

①左サイドバーで［ライフサイクル］→［集客］→［トラフィック獲得］の順に
クリックします。

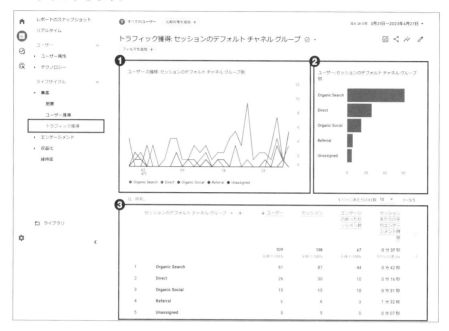

❶ ユーザーの推移：セッションのデフォルトチャネルグループ別

訪問者がどのメディアから流入しているかが折れ線グラフ形式で表示されます。グラフにマ
ウスポインターをのせると、日ごとの数値が表示されます。

❷ ユーザー：セッションのデフォルトチャネルグループ別

訪問者がどのメディアから流入しているかが横棒グラフで表示されます。グラフにマウスポ
インターをのせると、メディアごとの数値が表示されます。

❸ セッションのデフォルトチャネルグループ

Webサイトへの訪問者がどのチャネル（経路）から流入しているかを一覧形式で見ることが
できます。

ヒント　**用語をしっかり覚えておこう**

「集客」で分析できる項目は、Webサイト運営者が知りたい指標の1つですが、
聞きなれない単語が多く、慣れないうちは戸惑うかも知れません。しかし、用語さ
え覚えてしまえば、それほど難しくないはずです。まずは基本的な画面の見方と用
語を覚えておきましょう。

ターゲットユーザーをしっかり決めておこう

ビジネスを進める上で、ユーザー層の把握はとても重要な要素の1つです。何か新しいサービスや商品の提供を始める時に、「ターゲットを決めておこう」というフレーズは一度は耳にしたことがあるのではないでしょうか。

サービスや商品を販売していくときに、さまざまな販促ツールを使うことになります。Webサイトやチラシ、SNSなど、いろんなツールがありますが、その時に使うキャッチコピーやメインとなるビジュアル、色や雰囲気を決めるときに、ターゲットが決まっていないとぼやけてしまいます。あいまいなまま売ろうとすると、不特定多数の人に向けてたくさん広告を打つことになり、予算に無駄が出てしまうのです。

こうしたマーケティング活動を行う際に、以下の用語を覚えておくとよいでしょう。

- セグメンテーション (Segmentation)
  商品やサービスの対象となる市場内で、顧客のニーズなどに応じて細分化することを言います。たとえばカフェを利用する場合、オシャレなカフェが好きな人、高くてもいいから美味しいコーヒーが飲みたい人、ゆっくり落ち着いて座りたい人など、さまざまです。このように市場を細分化するのがセグメンテーションです。

- ターゲティング (Targeting)
  市場の中から狙うべきターゲットを絞ります。

- ポジショニング (Positioning)
  競合と比較して、自社の立ち位置を決める作業です。ポジショニングマップを使うと明確になります。

これらの頭文字をとって「STP分析」と呼ばれています。マーケティングを行う上での重要な考え方になりますので、覚えておいてください。

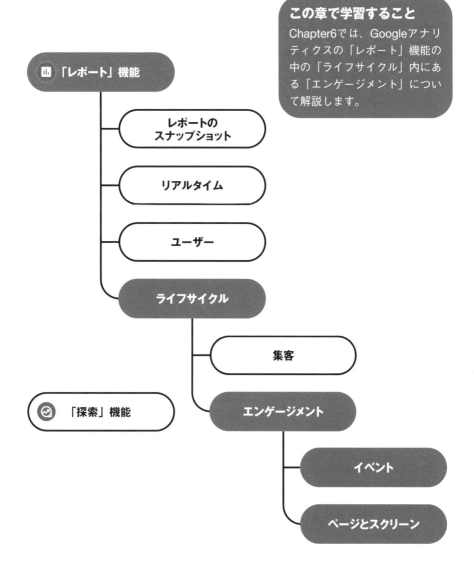

Chapter
6

「エンゲージメント」で
アクセス状況を知ろう

この章で学習すること
Chapter6では、Googleアナリティクスの「レポート」機能の中の「ライフサイクル」内にある「エンゲージメント」について解説します。

「レポート」機能

レポートの
スナップショット

リアルタイム

ユーザー

ライフサイクル

集客

「探索」機能

エンゲージメント

イベント

ページとスクリーン

6-1 Webサイトでの訪問者の行動を知ろう

「レポート」機能には、Webサイトを訪問したユーザーが、何かしら意味のある操作をしたことを分析する「エンゲージメント」という機能があります。ユーザーがどんな操作をしたかを分析してみましょう。

「エンゲージメント」について

Webサイトの運営者にとって、Webサイトの訪問者がどのような行動をとっているのかを知りたいと考えるのは当然のことでしょう。「ライフサイクル」の「エンゲージメント」で、Webサイト上の訪問者の行動について分析することができます。

エンゲージメント（engagement）という単語には、もともと従事、婚約、誓約、約束、雇用などの意味があります。人事領域では、従業員の会社に対する思い入れや愛着を示す言葉として使われています。

Googleアナリティクス上では「ユーザー エンゲージメントの指標は、ユーザーがウェブサイトまたはモバイルアプリを積極的に使用しているタイミングを把握するのに役立ちます」[※]と定義されています。Webサイトの訪問者が、どれだけ興味を持って閲覧しているかを分析するための指標ととらえるとよいでしょう。

※Googleアナリティクス ヘルプ　https://support.google.com/analytics/answer/11109416?hl=ja

---

> **ヒント　SNSのエンゲージメントとの違い**
>
> TwitterやInstagram、FacebookなどのSNSでもエンゲージメントという言葉が使われます。SNSの場合は、ユーザーが何かしらの反応（いいね、コメント、リツイートやシェア、詳細をクリックなど）をした数の合計です。Googleアナリティクスと近い考え方ですが、計測の仕方が異なっていることを知っておきましょう。

エンゲージメントのあったセッションとは

以下のいずれかに該当するセッションが、エンゲージメントのあったセッションとして計測されます。

- 10秒以上のセッション継続
- ページビューが2回以上発生
- 1件以上のコンバージョンイベントがあった

この内容を頭に入れて読み進めてください。特に「エンゲージメント」として計測される条件について、しっかり覚えておきましょう。

6-2 アクセス状況を詳しく知ろう

「ライフサイクル」の「エンゲージメント」を使うことで、Web
サイト訪問者の行動について分析することができます。

「エンゲージメント」を見てみよう

Webサイトの訪問者の行動には、いろいろなケースがあります。熱心に見て
いるケースもあれば、ただボーっと眺めている、あるいはWebサイトにはアク
セスしているが離席していることもあるでしょう。Webサイトの運営者として
知りたいことは、"興味を持って閲覧しているかどうか"つまり有益なアクセス
かどうかではないでしょうか。

「ライフサイクル」の「エンゲージメント」で、Webサイトの訪問者が有益な
行動をしているかをチェックしてみましょう。

① 左サイドバーで [ライフサイクル] → [エンゲージメント] → [エンゲージメ
ントの概要] の順にクリックします。

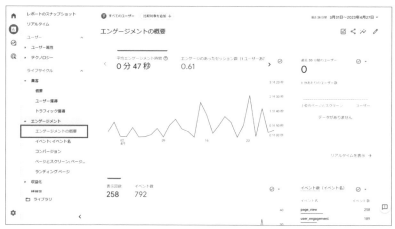

② ［エンゲージメント］について分析できる画面のダイジェスト版が表示されます。

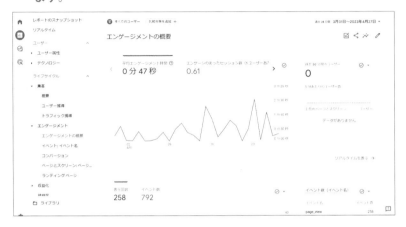

「エンゲージメント」を詳しく見てみよう

「エンゲージメント」に関する数値が折れ線グラフの形で見ることができます。上部のタブをクリックすることで、グラフを切り替えて表示できます。Webサイト内での訪問者の行動について、ざっと把握したいときに使うとよいでしょう。

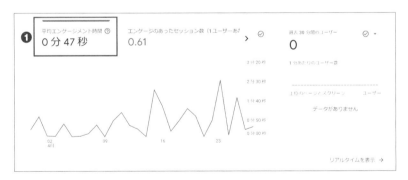

❶ 平均エンゲージメント時間

Webサイトの訪問者が、実際にページを見ていた、何かしらの操作をしていた（＝アクティブ）時間のことです。ここでのポイントは「アクティブ」であることです。つまり、閲覧しているWebサイトが画面の裏側に隠れている等のケースは、計測されないということです。何かしらの意図や興味を持って閲覧している訪問者の滞在時間ととらえるとよいでしょう。計算式は、総エンゲージメント時間÷ユーザー数 です。

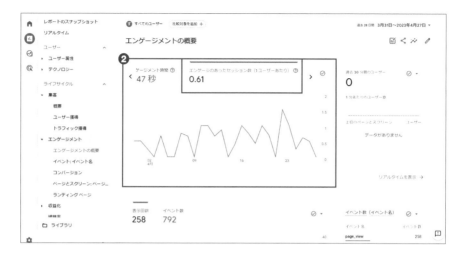

❷エンゲージのあったセッション数（1ユーザーあたり）

　1訪問者あたり、何回セッションが発生したかを計測し平均した数値です。❶と同様に、訪問者のアクティブ状況を把握するための指標の1つです。

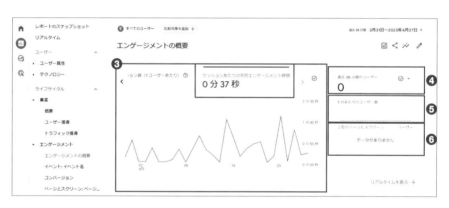

❸セッションあたりの平均エンゲージメント時間

　1セッションあたりの平均エンゲージメント時間を計測した数値です。❶が「ユーザー」を軸にした計測、❸は「セッション」を軸にした計測です。

❹ 過去30分間のユーザー

　過去30分間の訪問者が表示されます。アクセスがない場合は「0」と表示されます。

❺ 1分あたりのユーザー数

　Webサイトにアクセスしている数を、棒グラフで1分ごとに確認できます。

❻ 上位のページとスクリーン

過去30分間にアクセスがあったページのタイトルが表示されます。

引き続き「エンゲージメントの概要」を見ていきます。

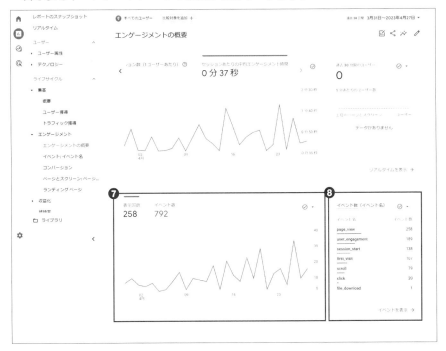

❼ 表示回数

Webサイトのページが表示された数（＝ページビュー数）の合計が折れ線グラフ状で表示されています。

❽ イベント数

Webサイト上でイベントが発生した回数を、多い順に表示しています。イベントとは、サイト上で発生したユーザーの行動です。イベントの詳細についてはP.073で解説しています。

イベント数（イベント名）

「イベント数（イベント名）」はページ遷移を伴わない訪問者の行動について計測したデータです。具体的には訪問者が"ページを閲覧した""スクロールした""ファイルをダウンロードした""ログインした"などの行動をした時に、その数を集計しています。

この画面では、イベントの発生回数を種類ごとに集計したデータを確認できます。「page_view」「scroll」「file_download」など、各項目ごとの解説はP.073を参照してください。

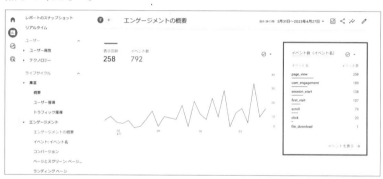

表示回数（ページタイトルとスクリーンクラス）

「表示回数（ページタイトルとスクリーンクラス）」は、どのページが何回閲覧されたか（＝ページビュー）を知るための集計データです。表示回数が多いページ順に並んでいます。

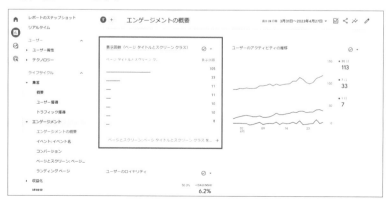

ユーザーのアクティビティの推移

　1日、7日、30日の単位でアクティブな訪問者の推移を折れ線グラフ状で確認できます。指定した計測期間の最後の日から起算して、1日分、7日分、30日分のアクティブな訪問者数を分析できる画面です。

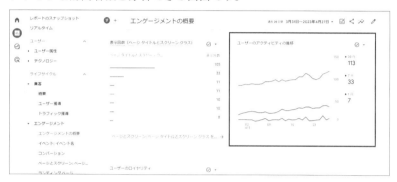

ユーザーのロイヤリティ

　短期と長期でのエンゲージメントを比較して、訪問者の維持率を分析することができます。「ユーザーの維持率」とは訪問者がどれだけ定着したかをはかる指標の1つです。数値が高い方がアクティブ率が高いととらえることができます。

DAU (Daily Active Users)	日別のアクティブな訪問者数
MAU (Monthly Active Users)	月別のアクティブな訪問者数
WAU (Weekly Active Users)	週ごとのアクティブな訪問者数

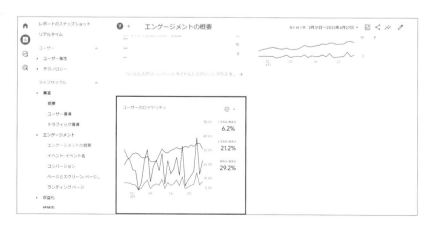

6-3 表示回数、イベント回数を調べよう

Googleアナリティクスにはさらに詳しく分析できる画面が用意されています。「イベント」「ページとスクリーン」です。まずは「イベント」について詳しく取り上げます。

「イベント」について

「エンゲージメント」の「イベント」では、Webサイトの訪問者が、「ページを表示した」「ページをスクロールした」「外部へのリンクをクリックした」などの動作を行った回数を分析することができます。

① 左サイドバーで [ライフサイクル] → [エンゲージメント] → [イベント：イベント名] の順にクリックします。

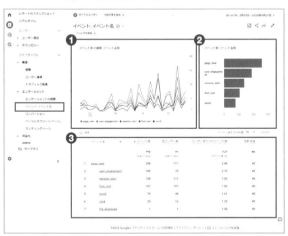

❶ イベント数の推移:イベント名別

イベントが発生した回数を折れ線グラフ形式で確認できます。グラフにマウスポインターをのせると、日ごとの数値が表示されます。

❷ イベント数:イベント名別

イベント名ごとの数値が横棒グラフで見ることができます。グラフにマウスポインターをのせると、イベント名ごとの数値が表示されます。

❸ イベント一覧

イベントの種類ごとに、「イベント数」「ユーザーの合計数」「ユーザーあたりの合計数」「合計収益」を確認することができます。

イベント数	イベントが発生した回数
ユーザーの合計数	イベントを発生させたユーザーの数
ユーザーあたりのイベント数	1ユーザーあたりのイベント発生回数（平均）
合計収益	購入や広告などによって発生した収益の合計（事前設定が必要）

「イベント」を詳しく見てみよう

① イベントの種類ごとにさらに詳しく分析したい場合には、イベント名をクリックします。

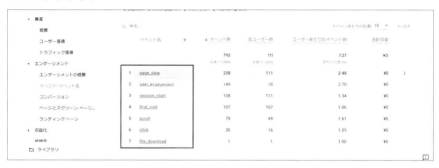

② イベントごとの詳細画面が表示されます。

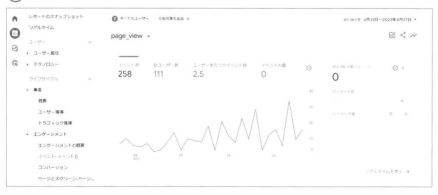

イベントの種類や意味については、P.073を参照してください。

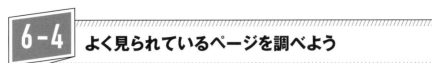

6-4 よく見られているページを調べよう

どのページの表示回数が多く、どのページが少ないかは、
Webサイトの運営者であれば把握しておきたい項目の1つです。

「ページとスクリーン」について

「エンゲージメント」の「ページとスクリーン」では、よく見られているページを確認することができます。「ページとスクリーン」の「ページ」は、Webサイト内のページの表示を、「スクリーン」はアプリ内での閲覧を指します。

① 左サイドバーで [ライフサイクル] → [エンゲージメント] → [ページとスクリーン] の順にクリックします。

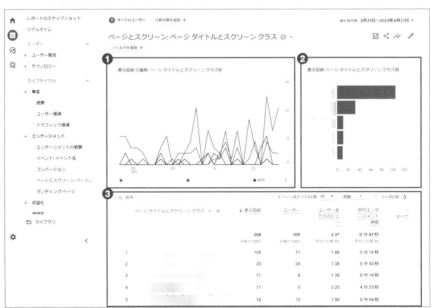

❶ 表示回数の推移：ページ タイトルとスクリーン クラス別

Webサイト内のページが表示された回数が折れ線グラフの形式で表示されます。グラフにマウスポインターをのせると、詳しい数値が表示されます。

❷ 表示回数とユーザー：ページ タイトルとスクリーン クラス別

ページの表示回数と訪問者数が横棒グラフで表示されます。グラフにマウスポインターをのせると、詳しい数値が表示されます。

❸ ページタイトルとスクリーン クラスの一覧

ページタイトル（スクリーンクラス）ごとのアクセス状況を確認できます。各ページごとに数値が把握できるため、ページごとの課題や改善点を洗い出すときに役立ちます。

表示回数	ページが表示された回数。同じページが複数回表示された場合も計測されます
ユーザー	ページを訪問したユーザーの数
新しいユーザー	ページを訪問したユーザーのうち、新規で閲覧したユーザーの数
ユーザーあたりのビュー	ユーザー1人あたりの表示回数
平均エンゲージメント時間	エンゲージメントが発生した時間の平均値
ユニークユーザーのスクロール数	ページの90%までスクロールしたユーザーの数
イベント数	各ページで発生したイベント数
コンバージョン数	各ページで発生したコンバージョンイベントの数
収益合計	購入や広告などによって発生した収益の合計（事前設定が必要）

かけ合わせてデータを分析できる

❸のページタイトルとスクリーンクラスの一覧では、データをかけ合わせて分析することもできます。＋をクリックするとかけ合わせができる項目が表示されるので、必要に応じて活用しましょう。

6-5　直帰率を調べよう

GA4には「直帰率」という項目があります。Webサイトに訪問したユーザーがWebサイト運営者にとって価値がある行動をしたかどうかを確認する項目です。

直帰率について

UAには、「直帰率」という項目がありました。1ページだけ閲覧して離脱したユーザーの割合なのですが、これはWebサイトを分析するうえで、重要指標の1つととらえられていました。GA4が登場してから、直帰率がなくなり話題になりましたが、現在は復活しています（本稿執筆時点）。ただし、従来の直帰率とGA4の直帰率は、以下のように定義が異なります。

- 従来（UA）の直帰率
  1ページのみ閲覧したセッションの割合

- GA4の直帰率
  エンゲージメントされなかったセッションの割合

ヒント　エンゲージメントとは？

GA4のエンゲージメントとは、「10秒以上継続したセッション」「コンバージョンイベントが1件以上発生したセッション」「閲覧（スクリーンビューもしくはページビュー）または動画視聴が2件以上発生したセッション」のことです。つまり「エンゲージメントされなかったセッション」とは、これらの行動がなかったという意味になります。

直帰率を表示してみよう

① 左サイドバーで [ライフサイクル] → [エンゲージメント] → [ページとスクリーン] の順にクリックします。

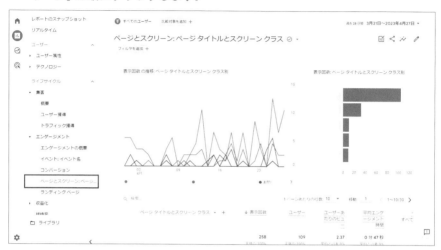

② 画面右上の🖊をクリックします。

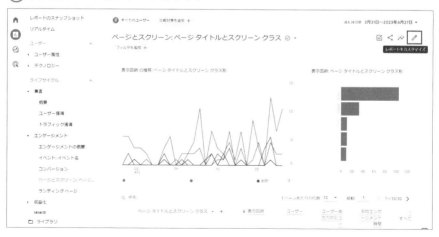

③ 「レポートをカスタマイズ」の [指標] をクリックします。

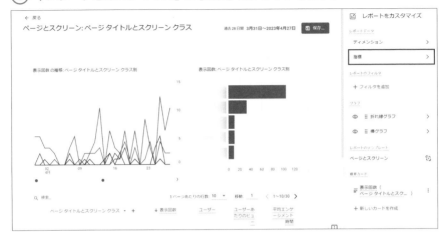

④ [指標を追加] をクリックします。

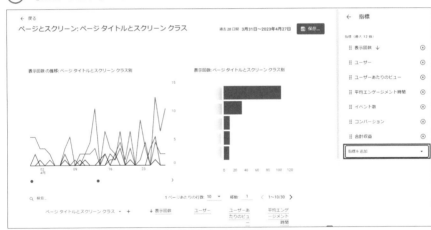

⑤ スクロールすると「直帰率」の項目が出てくるのでクリックし、右下の［適用］をクリックします。

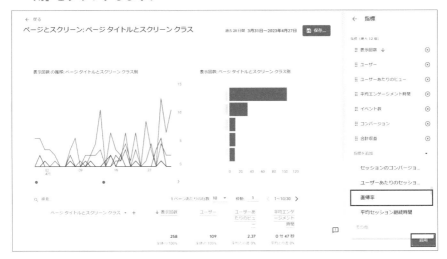

⑥ 右上の［保存］をクリックすると、「現在のグラフへの変更を保存」と「新しいレポートとして保存」の選択肢が表示されます。ここでは「現在のグラフへの変更を保存」を選択します。

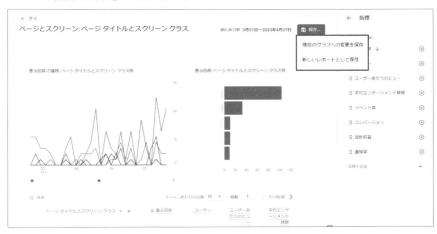

⑦ 「現在のレポートへの変更を保存しますか？」と表示されるので [保存] を
クリックします。

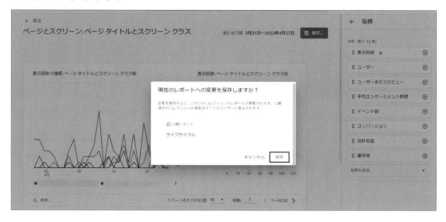

⑧ 画面左上の [戻る] をクリックします。

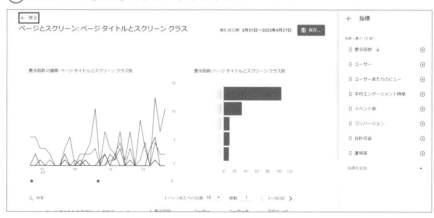

⑨ 戻ったページで縦にスクロールすると一覧表が表示されます。下にあるスクロールバーで右にスクロールすると、「直帰率」の項目が表示されます。

　GA4の直帰率は「エンゲージメントされなかったセッションの割合」です。つまりページは閲覧したけれど、「10秒以上セッション継続」「閲覧（スクリーンビューもしくはページビュー）または動画視聴が2件以上発生」「1件以上のコンバージョンイベントが発生」には至らなかった率ということになります。

　通常、こうした分析の数字は大きな値の方がよいとされていますが、直帰率に関しては逆になります。数値が低い方が訪問者が有益な行動をしていると考えられます。

Webサイトの訪問者の熱量は?

Googleアナリティクスのデータを使うと、訪問者の状況がわかることを解説してきました。その中で、訪問者がページAを閲覧したときに、同じ1ページビューでも

- ぼんやり閲覧している場合
- 熱心に閲覧している場合

この違いを知りたいと思ったことはないでしょうか。GA4の中に「熱量」という項目はありませんが、いくつかの数字をヒントに予測する方法はあります。たとえば「ユニークユーザーのスクロール数」という項目です。

もし訪問者がWebサイトをぼんやり眺めている場合は、恐らく何のアクションも起こさないでしょう。一方で熱心に見ているのであれば、スクロールしてどんどんページを閲覧していくと予想できます。同じ「1ページビュー」でも、このような違いがあることを、数字から推しはかることが可能です。

「平均エンゲージメント時間」の長さも推測の項目として使えそうですが、たとえば、ぼんやり閲覧した2分と真剣に閲覧した2分では、数字上の時間は同じになるので、判断がつきにくいと考えられます。

ただし、Webサイトに何かしらの改善(文字数を増やす、動画や資料の埋め込みをして、ページの滞在時間を長くする)を加えた後で、平均エンゲージメント時間が長くなっているのであれば、それは熱心に見る層が増えたと解釈してもよいでしょう。

このように、取り組んだ施策によって同じ数字で見方が変わる場合もあります。さまざまな数字から訪問者の状況を想像してみましょう。

「データ探索」でデータ
を集計しよう

この章で学習すること

Chapter7では、Googleアナリティクスの「探索」機能の中の「データ探索」について解説します。

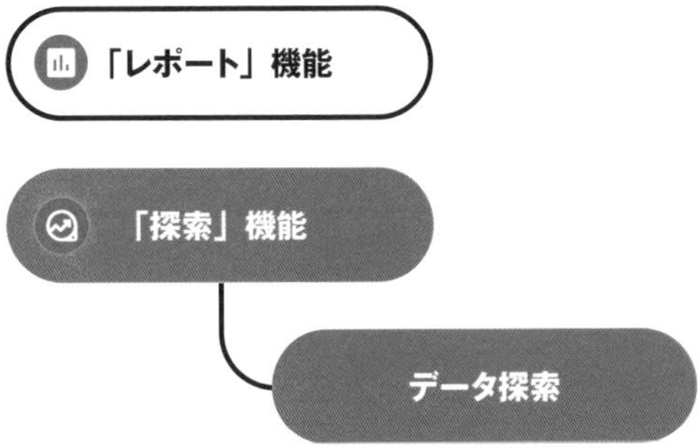

📊 「レポート」機能

🔄 「探索」機能

データ探索

7-1 さまざまな切り口でデータを集計しよう

「データ探索」では、項目や指標を組み合わせ、さまざまな切り口でデータの集計ができるようになります。基本が身に付いたら次のステップとして使ってみましょう。

■「データ探索」について

　基本的な画面の見方がわかれば十分というケースもあれば、もっと踏み込んで分析したいというケースもあるでしょう。そのような時は「探索」機能の中の、「データ探索」を活用しましょう。

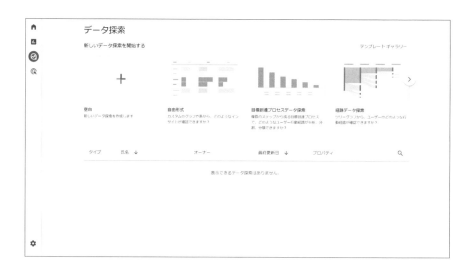

ヒント　　**以前のバージョンでは「カスタムレポート」**

Googleアナリティクスの前バージョン「ユニバーサルアナリティクス（UA）」には、「カスタムレポート」という機能がありました。「データ探索」は、それに近い機能を持っています。

「データ探索」を使う場合、いくつかの方法があります。

- あらかじめ用意されたテンプレートを使う
- 自由形式を利用して作る
- 空白のテンプレートを使う

まずはテンプレートを使ったさまざまな集計形式を確認してみましょう。

テンプレートにはいくつかの種類がありますが、ここでは「経路データ探索」をベースにユーザーの行動経路や訪問者の種類の絞り込みについて解説します。

Googleアナリティクスには、「データ探索」と呼ばれる機能が
用意されています。基本のレポートだけでは知ることのできな
い項目を分析したいときに使います。

「データ探索」を表示しよう

Googleアナリティクスの「データ探索」を使うことによって、通常のレポート
では確認できないデータを見ることができます。通常のレポートは大まかな概要
をつかむのに、「データ探索」はより詳しい分析をしたいときに活用しましょう。

① 左サイドバーで◎アイコンをクリックします。

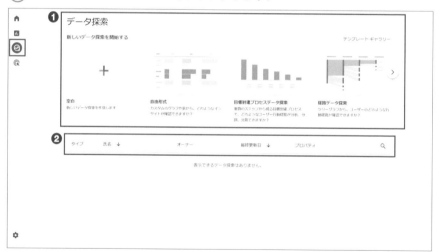

❶ データ探索

データ探索の初期画面です。空白、自由形式、テンプレートとなどが並んでいます。

❷ データ一覧

テンプレートから選択したデータやカスタマイズしたデータの一覧が表示されます。

テンプレート一覧を表示しよう

初期の画面ではテンプレートの一覧が隠れた状態になっています。以下の手順で一覧を表示しましょう。

① 画面右側の［テンプレートギャラリー］をクリックします。

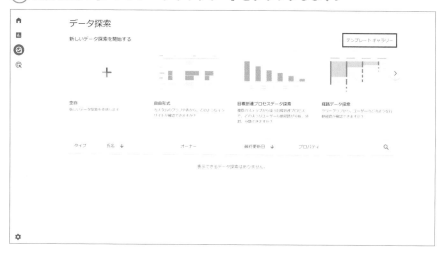

② テンプレートの一覧が表示されます。

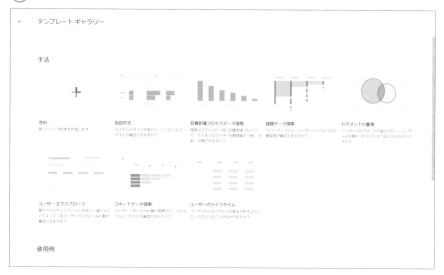

テンプレートについて知ろう

「データ探索」には、あらかじめいくつかのテンプレートが用意されています。各種類ごとに解説します。

テンプレートについて

「データ探索」に用意されているテンプレートには以下の種類があります。あらかじめ設定やカスタマイズが必要なものもありますが、まずは一通り、どんなテンプレートがあるか見てみましょう。

空白

「空白」のテンプレートは何も設定されていない状態のテンプレートです。自分で自由に分析データを設計したい時に使用します。何もない状態から作っていくため、知識が必要になります。使い方が慣れていない場合は、自由形式かテンプレートの活用をおすすめします。

空白
新しいデータ探索を作成します

自由形式

「自由形式」テンプレートには、あらかじめ使用する項目が用意してあり、それを自身で組み立てながら作成することができます。「空白」よりも設計しやすい構成になっているのが特徴です。グラフの形式もさまざまなスタイルから選んで表示することができます。

自由形式
カスタムのグラフや表から、どのようなインサイトが確認できますか？

目標プロセスデータ探索

訪問者がコンバージョンに到達するための行動経路を分析するためのテンプレートです。ステップごとに、訪問者の離脱状況を調べたり、経路のどこに問題があるか課題を見つけるのに役立ちます。

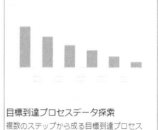

目標到達プロセスデータ探索
複数のステップから成る目標到達プロセスで、どのようなユーザー行動経路が分析、分割、分類できますか？

経路データ探索

訪問者がWebサイト内でどのように行動しているかを、フロー図で見ることができます。Webサイトの閲覧を開始したページからどのページへ移動しているかを把握できます。

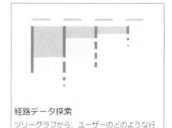

経路データ探索
ツリーグラフから、ユーザーのどのような行動経路が確認できますか？

セグメントの重複

さまざまなセグメントの重複を分析することができます。たとえば、スマホからアクセスした25〜54歳の訪問者はどのぐらいいるのか等、属性を絞り込んで数値を知りたい時に使用します。

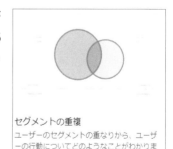

セグメントの重複
ユーザーのセグメントの重なりから、ユーザーの行動についてどのようなことがわかりますか？

ヒント　セグメントとは？

セグメント（segment）は「部分」「区分」を表す単語です。ビジネスの場では年齢や性別、居住区、消費の傾向、趣味や趣向などの属性を軸にして集団（グループ）に分けることを言います。Googleアナリティクスでも、訪問者の属性を分類して分析する手法が取り入れられています。「セグメントの重複」を活用することで訪問者の詳しい状況を探ることができます。

ユーザーエクスプローラー

　ユーザーエクスプローラーでは、Webサイト訪問者個別の行動を分析することができます。たとえば、何月何日にコンバージョンがあった訪問者に対してWebサイト内でどのような行動をとったかなどを分析する等に使用します。

ユーザー エクスプローラ
個々のユーザー アクションを詳しく調べることによって、各ユーザーのどのような行動が確認できますか？

コホートデータ探索

　コホートデータ探索は訪問者のサイト定着数（率）を知ることができるテンプレートです。たとえば、初めてWebサイトを訪れた訪問者が、3週間後に何パーセント再訪問しているか等の数値を確認できます。また、別の項目をかけ合わせて、グループごとの訪問者の動向を知ることも可能です。

コホートデータ探索
ユーザー コホートの行動の推移から、どのようなインサイトが確認できますか？

ユーザーのライフタイム

　訪問者のライフタイムでは、訪問者がもたらす生涯価値（LTV＝ライフタイムバリュー）を分析することができます。総訪問者数が多く、かつLTV：平均が多い項目が、生涯価値が高い顧客を獲得できていると考えられます。特にECサイトで活用されるデータです。

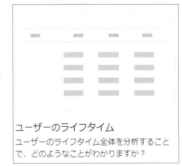

ユーザーのライフタイム
ユーザーのライフタイム全体を分析することで、どのようなことがわかりますか？

「空白」テンプレートについて

　データ探索の中には「空白」というテンプレートがあります。これは、自由に
データ探索のレポートを作る機能です。

① ［空白］をクリックします。

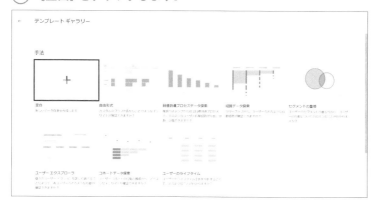

② カスタマイズできる画面が表示されます。

　「空白」テンプレートを使うと、ゼロから自分で設定して見たいレポートを作成
できますが、用語や指標が複雑に感じられるかも知れません。まずはテンプレー
トを使って分析し、慣れてきたら独自のレポートを作ってみるという順でチャレ
ンジするとよいでしょう。

7-4 訪問者の行動を分析しよう

データ探索の機能使うことで通常のレポートでは確認できなかった分析データを見ることができます。ここではテンプレートを使って訪問者の行動を分析してみます。

「経路データ探索」テンプレートについて

「データ探索」に用意されている「経路データ探索」テンプレートを使って、訪問者の行動を詳しく分析してみましょう。Webサイトに訪問した訪問者がどのように遷移していくのかをビジュアル形式で知ることができます。

「経路データ探索」テンプレートのままでもデータを見ることはできますが、「page_view」をページの名称に変更して、もう少し見やすいデータにしてみましょう。

① データ探索の画面で [経路データ探索] をクリックします。

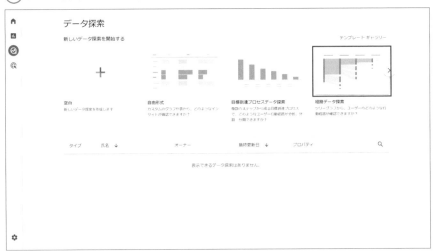

② 「ステップ＋1」の下にある「イベント名」をプルダウンします。

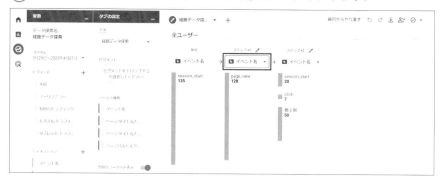

③ ［ページタイトルとスクリーン名］をクリックします。

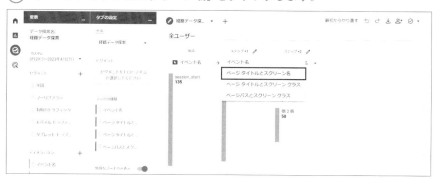

④ どのページがスタートページになっていて、どのぐらいのユーザーがアクセスしているかがわかります。さらにその先の遷移を知りたい場合は、ページタイトルをクリックします。

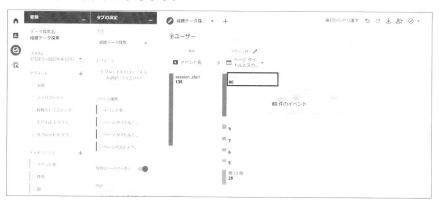

7-5 訪問者の種類を絞り込もう

テンプレートを使ったデータ探索レポートで、さらに訪問者の種類を絞り込んで、データを分析してみましょう。

▌モバイルユーザーを絞り込もう

　前ページでWebサイトにアクセスした訪問者の行動を分析する「経路データ探索」テンプレートを表示しました。さらにモバイルユーザーを絞り込んでみましょう。

① 経路データ探索の画面を開いた状態で、左側の[セグメント]から[モバイルトラフィック]という項目を、右の[セグメント]へドラッグ＆ドロップします。

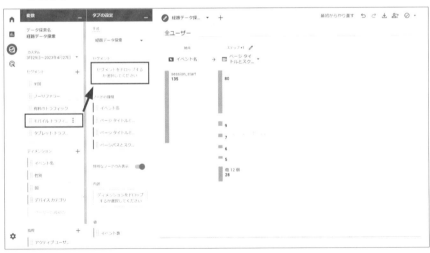

② 「モバイルトラフィック」に絞りこまれた経路データ探索の画面に変わりました。このように、モバイルユーザーだけに絞り込んだ経路の探索も行うことができます。

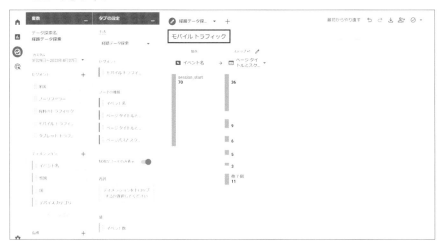

さらに地域を絞り込んでみよう

モバイルユーザーに絞り込んで表示させたデータですが、さらに別の項目を追加して絞り込むこともできます。ここでは地域を絞り込んでみましょう。

① 左側の［ディメンション］の横にある➕をクリックします。

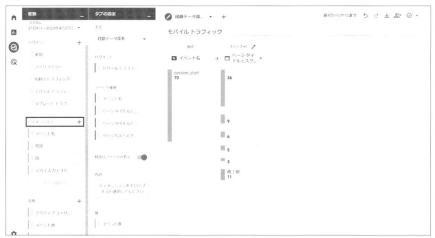

② ディメンションの候補が表示されるので、スクロールして［地域］にチェックをつけます。画面右上の［インポート］をクリックします。

③ ディメンションに［地域］という項目が追加されました。この項目を右の［内訳］へドラッグ＆ドロップします。

④ 画面の下方に色分けされた都道府県名が表示されます。項目にマウスポイン
　ターをのせると、地域ごとに絞り込んだデータが表示されます。

セグメントやディメンションなど、アクセス解析には聞きなれない用語が出てきます
よね。解析の世界ではよく使う言葉なので覚えておきましょう。

・ディメンション
　データを集計する項目のこと。「〇〇別に見る」と表現します。具体的には「日
　別」「ページ別」「ユーザーのデバイス別」「地域別」「流入経路別」など。

・セグメント
　特定の条件に合致する訪問者などを絞り込む機能。具体的には「モバイル端末
　でアクセスしているユーザー（モバイルトラフィック）」や「タブレットでアクセス
　しているユーザー（タブレットトラフィック）」など。

・指標
　Googleアナリティクスでは、アクセスの状況やパフォーマンスを測定するため
　の数値やデータを指します。ユーザー数、セッション数、ページビュー数などが
　該当します。

複数人でチェックしよう

　Googleアナリティクスには、複数の管理者を追加することができます。運営中のWebサイトを複数の担当者でチェックしたい、あるいは外部の専門家に依頼して、アクセス解析のデータを見て欲しいという場合には、「ユーザーを追加する」機能を使ってみてください。なお、「管理者」「編集者」「閲覧者」などの管理権限を設定することができます。

※管理者の追加は［管理］→［プロパティ］→［プロパティのアクセス権］の順でアクセスできます

　追加するユーザーはGoogleアカウントを持っている必要があります。
　なお、複数人でチェックするメリットとしては

- 複数の異なる視点で分析することができる
- 大規模Webサイトの場合、担当を振り分けて分析できる
- 専門家と共有することで、より専門的な視点でアドバイスを受けられる

などがあげられます。
　Googleアナリティクスのレポートは、PDFやCSV形式でダウンロードができるので、そのデータを共有する方法もありますが、リアルタイムで確認できた方が、より効率よく管理できます。

Chapter 8

Googleサーチ
コンソールを導入しよう

この章で学習すること

第8章では、自分のWebサイトとGoogle
の関係性がわかる「Googleサーチコン
ソール」について解説します。

8-1 Googleサーチコンソールを導入しよう

Webサイトにどんな検索ワードでアクセスされているか知りたい場合は、Googleアナリティクスでは分析できません。別の無料ツール「Googleサーチコンソール」を活用しましょう。

Googleサーチコンソールの役割

　Googleアナリティクスは導入していても「Googleサーチコンソール」は導入していないという声をたびたび耳にします。GoogleアナリティクスがWebサイトの訪問状況について分析できるのに対し、Googleサーチコンソールは自サイトとGoogleとの関係性がわかるツールです。

　たとえば、Webサイトへの訪問者が何のキーワードで検索して来ているのか、あるいはWebサイトのすべてのページがきちんと検索エンジンに読み込まれているかをチェックしたり、サイトマップを送信して、サイト内に存在しているページをGoogleへ伝える機能などがあります。

　GA4にはない分析機能や、検索エンジンに影響するようなトラブルがあったときにGoogleから通知が来ることもあるため、Webサイトを管理、運営する上では必須のツールと言ってもよいでしょう。まだ導入していない方は、これを機にぜひ導入しておいてください。

Googleアナリティクスとの違い

　Googleサーチコンソールについて詳しく知る上でGoogleアナリティクスとの違いについて疑問に思う方も多いと思います。そこで、まずはGoogleアナリティクスとGoogleサーチコンソールの違いについて押さえておきましょう。

Googleアナリティクス

Webサイトの訪問状況を分析

- リアルタイムのアクセス状況
- 訪問者について　地域、端末、ブラウザなど
- 集客 (どのサイトから流入しているか)
- 行動 (アクセスが多いページなど)
- 目標設定、達成率の確認

Googleサーチコンソール

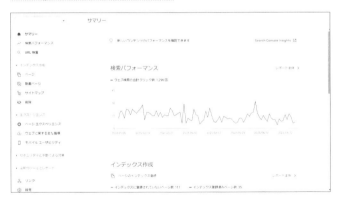

検索結果への影響を管理・分析

- キーワードの表示状況、クリック数
- Googleからの警告を確認
- Googleの読み取りエラー
- Webサイト内に存在するページをGoogle側へ知らせる
- モバイルユーザビリティなど

8-2 Googleサーチコンソールを設置しよう

Googleサーチコンソールは無料で使用できますが、最初に登録が必要です。手順に沿って、登録を行いましょう。登録には、Googleアカウントが必要になります。GA4を登録した時と同じものでOKです。

Googleサーチコンソールの設置手順

Googleサーチコンソールの設置方法には2通りありますが、取り組みやすい「URLプレフィックス」の方をおすすめします。

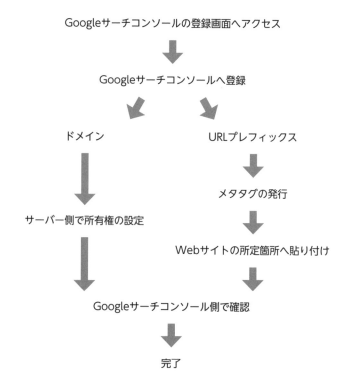

Googleサーチコンソールを設置しよう

「URLプレフィックス」を使ったGoogleサーチコンソールの設置方法について解説します。

① Googleサーチコンソールのページへアクセスし、[今すぐ開始] をクリックします。

https://search.google.com/search-console/about

② ログイン画面が表示されるので、Googleアカウントを入力し「次へ」をクリックします。

③ Googleアカウントのパスワードを入力します。

④ 入力したアカウント（Gmail）に確認コードが届くので、それを入力します。
アカウントに登録した電話番号の入力を求められるケースもあるので、画面
の指示にしたがって進めます。

⑤ プロパティタイプの選択画面が表示されるので、「URLプレフィックス」に
WebサイトのURLを入力し、[続行]をクリックします。「http」と
「https」など、1つでも間違いがあると計測できないので、注意してくださ
い。

⑥ ［HTMLタグ］をクリックします。

⑦ 「メタタグ」と呼ばれる文字列が表示されるので［コピー］をクリックします。

⑧ ここで一度、Googleサーチコンソールの画面を離れて、該当するWebサイトへアクセスします。コピーしたメタタグを所定の場所へ貼り付けましょう。

ヒント　**WordPressのプラグインについて**

Webサイトを作成するツールやあるいはブログのシステムによっては、管理画面にGoogleサーチコンソールを設置できる画面が用意されていることがあります。その場合は、そのツールを使って設置しましょう。
WordPressであれば、「All in One SEO」というプラグインを入れておくと設定しやすくなります。
https://ja.wordpress.org/plugins/all-in-one-seo-pack/

このようなツールがない場合は、HTMLの「ヘッダー」と呼ばれるエリアに貼り付けます。コードを貼り付ける場所は、HTMLコードの</head>タグの直前です。

⑨ Webサイトへメタタグを貼り付けたらGoogleサーチコンソールの画面へ
戻り、［確認］をクリックします。

⑩ 「所有権を証明しました」と表示が出たら、［プロパティに移動］をクリック
します。

これでGoogleサーチコンソールの設定は完了しました。

8-3 Googleアナリティクスと連携しよう

Googleサーチコンソールの一部の機能は、Googleアナリティクスと連携することができます。次の手順で連携させましょう。

連携の設定をしよう

① GA4にログインし、左下の［管理］をクリックします。

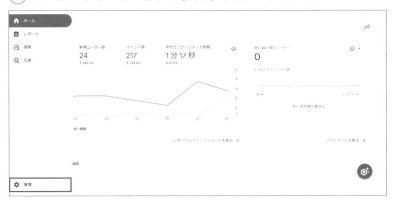

② プロパティ画面が表示されるので下方向にスクロールして、［Search Consoleのリンク］をクリックします。

③ [リンク] をクリックします。

④ [アカウントを選択] をクリックし、連携するサーチコンソールの選択画面
へ進みます。

⑤ 連携するプロパティをチェックして、[確認] をクリックします。

⑥ 「リンクの設定」画面で、選択したプロパティが表示されます。内容を確認
して［次へ］をクリックします。

⑦ 「ウェブストリーム」の右側にある［選択］をクリックします。

⑧ 該当のデータストリームをクリックします。

⑨ ［次へ］をクリックします。

⑩ 連携したサーチコンソールのフロパティ名やURLを確認して、［送信］をク
リックします。

⑪ 「リンク作成済み」と表示されたら、連携設定は完了です。

8-4　Googleサーチコンソールのレポートを表示しよう

GA4とサーチコンソールの連携について解説しましたが、連携させただけではサーチコンソールのレポートが表示されません。以下の手順でGA4にレポートが表示されるように設定します。

Googleサーチコンソールを表示しよう

① GA4にログインした状態で、左サイドバーの[レポート]をクリックし、左下に表示される[ライブラリ]をクリックします。

② 「Search Console」の右側にある ⋮ をクリックします。

③ ［公開］をクリックします。

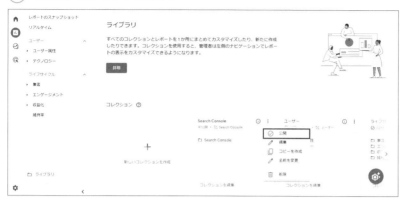

④ 「公開しました」と表示されたら、表示設定は完了です。GA4の左サイドバーのメニューに「Search Console」が表示されます。

ヒント ┃ **時間をおいてから確認しよう**

GoogleサーチコンソールのデータをGA4に連携してから、すぐにレポートを確認できるわけではありません。1~2日ほどおいてから確認してみましょう。

8-5 探索キーワードを調べてみよう

設定が完了したら、早速レポートを見てみましょう。ここでは Googleサーチコンソール側へログインして確認する方法を解説します。

検索キーワードを確認しよう

　Googleサーチコンソールの設定が完了したら、早速レポートを見てみましょう。自サイトが検索エンジンに対して、どんなパフォーマンスをしているかをざっとつかむことができます。GA4で表示することもできますが、すべての機能を表示できるGoogleサーチコンソールで解説していきます。

「検索パフォーマンス」を見てみよう

① Googleサーチコンソールへアクセスし、「今すぐ開始」をクリックします。
https://search.google.com/search-console/about?hl=ja
この時、ログイン画面が出てくる場合は、画面の指示に従ってログイン情報を入力してください。

② 左サイドバーで［プロパティを検索］をクリックすると候補が表示されます。
該当のURLを選択します。

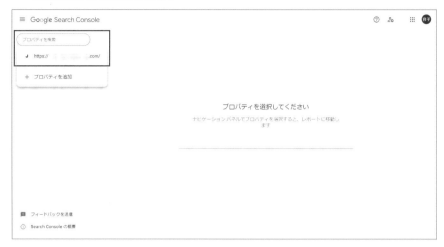

③ 左側のメニューで［検索パフォーマンス］をクリックすると「検索パフォーマンス」の画面が表示されます。

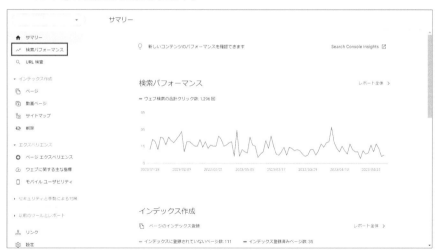

「検索パフォーマンス」の画面各項目は以下の通りです。

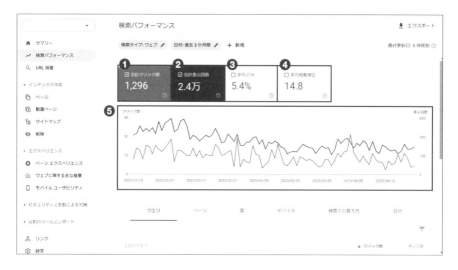

❶ 合計クリック数

検索結果に表示されたときにクリックされた回数です。

❷ 合計表示回数

検索結果に表示された回数です。

❸ 平均CTR

クリックスルーレートの略、クリック数÷表示回数（%）です。

❹ 平均掲載順位

該当キーワードで検索候補の何位に表示されたかがわかります。

❺ クリック数

クリック数と表示回数の推移が折れ線グラフ形式で表示されています。

> **ヒント　クエリとは**
>
> クエリとは、もともと「問い合わせる」「たずねる」という意味の英単語ですが、ここでは検索エンジンに入力するときの「検索キーワード」を指します。IT用語での「クエリ」はデータベースへの命令のことなのですが、検索キーワードもGoogleへの命令と考えるとわかりやすいのではないでしょうか。Webの分析やSEO対策などでよく出てくる単語なので覚えておきましょう。

「検索パフォーマンス」の画面を下にスクロールすると検索キーワードの詳細を見ることができます。

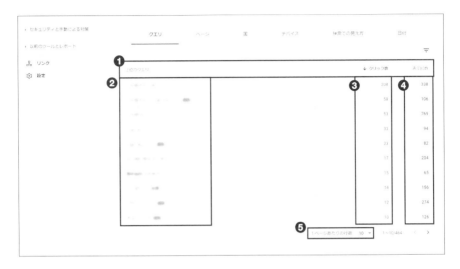

❶ タブ
クエリ、ページ、国、デバイス、検索での見え方を切り替えながら表示させることができます。

❷ 上位のクエリ
どのキーワードで自サイトが検索エンジンに表示されているかがわかります。

❸ クリック数
該当キーワードが検索結果に表示されたとき、何回クリックされたかがわかります。

❹ 表示回数
該当キーワードが検索結果に何回表示されたかがわかります。

❺ 1ページあたりの行数
表示件数を増やすことができます。

8-6 Googleにページが読み込まれているか確認しよう

Googleサーチコンソールでは、Googleの検索エンジンに読み込まれているページと読み込まれていないページを確認することができます。

ページのインデックス状況を確認しよう

① 左側のメニューで [インデックス作成] → [ページ] の順にクリックします。

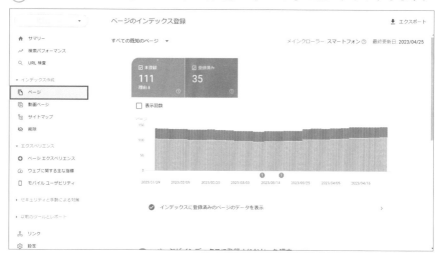

　グラフ内の緑の部分がGoogleの検索エンジンに登録されていて、グレーの部分は登録されていない状態です。

> ### ヒント　インデックスとは
>
> インデックスとは、索引や見出しなどの意味を持つ英単語です。ここでは、Webサイト内のページがGoogleの検索エンジン用データベースに読み込まれている状況を指します。インデックスに登録される＝Googleの検索結果表示用のデータベースに登録されるという意味になります。

ページが登録されなかった原因について知ろう

　Webサイトを運営するのであれば、すべてのページがGoogleの検索エンジンに登録されるのが理想ですが、何らかの原因で登録されないこともあります。前ページで表示したグラフの画面を下にスクロールすると、「ページがインデックスに登録されなかった理由」と記載された一覧表があるので、見てみましょう。

　こうしたエラーについて、すべてに対処、改善が必要とは限りません。たとえば「代替ページ（適切な canonical タグあり）」や「ページにリダイレクトがあります」「robots.txtによりブロックされました」等については、Webサイトを作成するプログラムの都合上、自動で生成されるものもあります。

　ただし、Webサイト内で重要なページであるにも関わらず読み込まれていないとなれば、何か手を打つ必要があります。そのためには、読み込まれているページがどれなのかを知る必要があります。P.172で、Googleに読み込まれているページ（インデックスに登録済みのページ）について調べる方法を解説します。

代表的なインデックスエラー

代表的なインデックスエラーには、以下のようなものがあります。

見つかりませんでした（404）

削除されたページなどがある場合、このようなエラーが表示されます。意図的に削除したものであれば、特に対応する必要はありません。

代替ページ（適切なcanonicalタグあり）

canonicalタグとは、ページの内容が類似あるいは重複しているときに、正規のURLがどのページなのかを検索エンジンに伝えるための記述です。意図して設定しているページがあるのであれば、問題ありません。

noindexタグによって除外されました

Web上の設定により、検索エンジンのデータベースから除外されているページがある状態です。除外されたページが検索エンジンにインデックスされる必要がないものであれば、そのままにしていてOKです。エラーの項目をクリックすると、どのページが除外されているかを調べることができます。

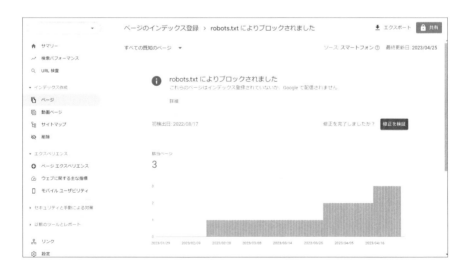

robots.txtによりブロックされました

　Webサイト構築の中に、検索エンジンのロボットがクロールするのを拒否する仕組みがあります。robots.txtというファイルを作成し、その中に拒否するための文言を書いてサーバーへアップロードするのですが、その設定がされているため検索エンジンの方で読み込めなかったファイルがある状態です。また、Webサイトの管理画面内で拒否の設定にしている場合もあります。

　クロールの拒否が意図しているものであれば、特に対処する必要はありません。意図していないものであれば、robots.txtを修正する、あるいはWebサイトの管理画面で検索エンジンを拒否する設定をしていないかを確認して対処します。

ページにリダイレクトがあります

　リダイレクトとはページの転送です。A.htmlというURLを何らかの理由でB.htmlへ転送するような設定のことを言います。自分自身で意図して設定したのであれば問題ありませんが、狙った処理ではない場合は何らかの対処が必要になることがあります。

　Webサイトの管理画面から修正する機能があれば自力で対応できるケースもありますが、難しい場合もあるので、制作担当者や専門家に相談してみましょう。

登録されているページを確認しよう

Googleの検索エンジンのインデックスに登録されているかを確認しましょう。

(1) 左サイドバーで [インデックス作成] → [ページ] をクリックします。グラフ
の下にある [インデックスに登録済みのページデータを表示] をクリックし
ます。

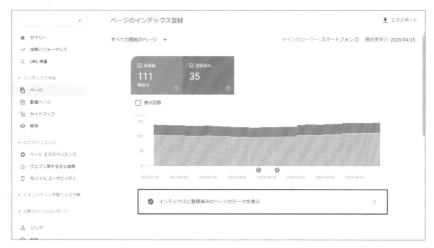

(2) 「インデックス登録済みページ数」の画面が表示され、Googleの検索エン
ジンデータベースに登録されているページ数を確認できます。

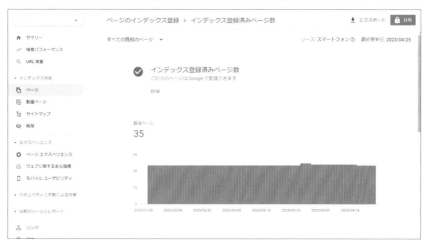

③ さらに画面をスクロールすると、実際に読み込まれているページの一覧が表示されます。

　1ページあたりの行数を増やすことで、さらに多くのインデックス状況が確認できます。この機能を使って重要なページや作成したページが、Google側に読み込まれているか確認してみましょう。もし読み込まれていないページがあったら、次ページの「GoogleにWebサイトのURLを伝えよう」を試してみてください。

8-7 GoogleにWebサイトのURLを伝えよう

GoogleにWebサイトやページの存在を伝えるため、XMLサイトマップを作成し登録してみましょう。

Googleサーチコンソールのサイトマップ

ここでのサイトマップはWebサイトを作成するときに自動生成、あるいは自作するサイトマップとは異なります。

- HTMLサイトマップ
  Webサイトの訪問者向けに作成もしくは自動生成するサイトマップです。訪問者に対してWebサイト全体の構成を伝える目次のような役割を持っています。

- XMLサイトマップ
  XMLサイトマップは検索エンジンに対してページの存在を知らせるためのサイトマップです。各ページのURLが記載され、sitemap.xmlという名称をつけて所定のところに保管します。

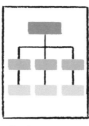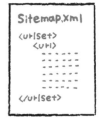

人間のためのサイトマップ　　　検索エンジンのためのサイトマップ

XMLサイトマップを作成しよう

XMLサイトマップは手動で作ることもできますが、URL、最終更新日、更新頻度、優先順位などの情報を入力して作成するのは大変な作業です。Webサイトにプログラムを追加して生成する機能や、無料Webツールを利用して効率よく作成しましょう。

WordPressを使用している場合

WebサイトがWordPressで作成されている場合は、プラグインを活用してXMLサイトマップを作成します。

① WordPressの管理画面にログインします。左サイドバーで［プラグイン］
　　→［新規追加］の順にクリックします。

② プラグインを検索するボックスに「Google XML Sitemaps」と入力して
検索します。

③ 画面をスクロールすると「XML Sitemap & Google News」が表示され
ます。[今すぐインストール] → [有効化] をクリックします。

④ 左サイドバーで [設定] → [XMLサイトマップ] をクリックします。

⑤ 「XMLサイトマップ」の設定画面が表示されるので、右側の「表示」にある
  [XML サイトマップインデックス] をクリックします。

⑥ ブラウザのアドレスバーに「xxxxxxxxx/sitemap.xml」と表示されま
  す。Googleサーチコンソールへ登録する時に使うので、コピーしておきま
  す。

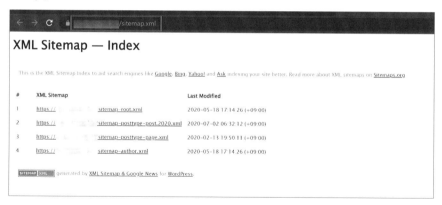

WordPress以外のツールを使っている場合

　ジンドゥー、Wix、ペライチなどのオンラインツールには、XMLサイトマップを自動的に生成する機能がついています。

① 自分のWebサイトのURLに、「/sitemap.xml」を付記してブラウザのアドレスバーに入力して確認してみましょう。

https://xxxxxxxxx/sitemap.xml

② このように表示されるのであれば、XMLサイトマップは自動生成されています。もし表示されない場合は、ツール提供側のサポートに聞いてみてください。

CMSツールを使用していないサイトの場合

WordPressや、その他のCMSツールを使用していないWebサイト（HTMLで作成されたWebサイト）でも、無料のサービスを使ってXMLサイトマップを作成できます。

① サイトマップを作成-自動生成ツール「sitemap.xml Editor」にアクセスします。

http://www.sitemapxml.jp/

② 「PCサイトマップ（sitemap.xml）を作成」にWebサイトのURLを入力し、［サイトマップ作成］をクリックします。

③ ［sitemap.xml］をクリックし、作成されたサイトマップをダウンロードします。

④ ダウンロードした「sitemap.xml」を、FTPソフトでWebサイトへアップロードします。

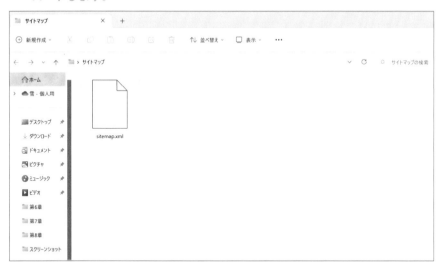

XMLサイトマップを登録しよう

　GoogleサーチコンソールにXMLサイトマップを登録する手順について解説します。

① Googleサーチコンソールにログインし、左サイドバーの「サイトマップ」をクリックします。

② [新しいサイトマップの追加]の欄にあらかじめコピーしておいたXMLサイトマップのURLを入力します。「sitemap.xml」の前に該当のURLを入力し、[送信]をクリックします。

③ 送信する画面の下に、「送信されたサイトマップ」という項目があります。XMLサイトマップが正常に送信できていれば「成功しました」と表示されます。

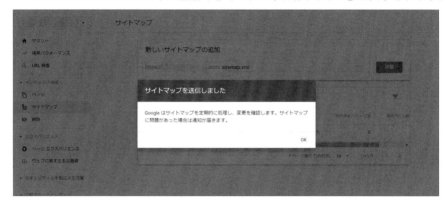

④ 何らかのトラブルがあった場合は「取得できませんでした」「1件のエラー」など赤字で表示されます。エラーの場合、赤字の項目をクリックするとトラブルの詳細を確認することができます。

⑤ エラーの原因が表示されました。この場合、サイトマップが読み込めないことが原因なので、sitemap.xmlの登録をやり直します。

エラーが出たときの対処方法

エラーが出た時は以下の方法で対処してください。

「サイトマップを読み込めませんでした」と表示された場合

サイトマップのURLが正しいか、あるいはアクセス権限がない場所へXMLサイトマップのファイルをアップロードしていないか等を確認してみましょう。

「サイトマップは読み取り可能ですが、エラーがあります」－「サイトマップがHTMLです」と表示された場合

サイトマップがXML形式になっていないのが原因と考えられます。サイトマップのデータ形式を確認して、再度送信してみましょう。

「サイトマップは読み取り可能ですが、エラーがあります」－「XMLタグが指定されていません」と表示された場合

サイトマップは読み込めていますが、ファイル内の記述に間違いがある可能性があります。ツールを使って書き出しをした場合、再作成をしてから再度サイトマップの送信をしてみましょう。

ヒント　サイトマップの更新をしよう

Webサイトを運営していくうちにページが増減したり、サイト全体の構成が変わることがあります。そのような時は、Googleサーチコンソールへ再度XMLサイトマップを送信するようにしましょう。

Googleサーチコンソールって本当に必要?

　Googleサーチコンソールの話をすると「Googleアナリティクスを覚えるだけで手一杯なのに、他のツールも必要なの?」と言われることがあります。アクセス解析の入門セミナーを開催すると、Googleアナリティクスは設置していても、Googleサーチコンソールは設置していない、あるいは設置されているかどうかもわからないというケースがあります。

　ここで、今一度お伝えしておきたいのは、Googleサーチコンソールは、Webサイトの担当者や管理者にとって必須のツールであるということです。

　本編でも解説しましたが、GoogleアナリティクスとGoogleサーチコンソールは役割が違っています。

- 検索クエリなど、Googleアナリティクスではわからなかった項目が分析できる
- Googleと自サイトの関係性がわかる
- Googleと自サイトの関係で何か不具合があった時に通知される
  ※すべての不具合が通知されるわけではありません

　このように、Googleアナリティクスだけでは取得できなかった情報を得ることができます。また、新しいWebサイトを作った時にGoogle側へ伝えることができる機能があるのもメリットです。

　以前、あるWebサイトで、検索エンジンからの流入が減ったことがありました。Googleアナリティクスでは、どのページのアクセス数が下がったかはわかりますが、どの検索ワードでの流入が減ったかまではわかりません。Googleサーチコンソールがあると、流入が減少している原因を突き止めやすくなります。

　まだよく見方がわからないという場合でも、必ず設置しておきましょう。

Chapter

9

Webサイトの運用や
改善に活用しよう

この章で学習すること

第9章では、Googleアナリティクスで
取得したデータをどのように活用して
いくかに焦点をあてて解説します

Webサイトの運用や改善に活用しよう

 Googleアナリティクスの基本的な見方や操作方法が把握できたら、分析レポートを使ってWebサイトの運用や改善に生かしていきましょう。

アクセス解析のデータを活用しよう

「Googleアナリティクスの見方は何となくわかったけれど…」

基本的な見方がわかると「それで？これをどうすればいいの？」と新たな疑問が出てきませんか？

Googleアナリティクスのデータは、“数字の羅列”でしかありません。健康診断で血液検査などの診断結果をもらった場面を思い出してみてください。データだけであれば、数字が並んでいるだけに過ぎません。それらがよい数字なのか注意すべき数字なのかを知って初めて役に立つデータになるはずです。

アクセス解析も同様に、データ上に並んでいる数字をどう読み解くかで意味のあるものになるはずです。何のために解析しているかというと、最終的にはWebの改善、その先にある事業の改善に結びつけるためではないでしょうか。ということは、これまで分析したレポートを“どう改善に生かすのか？”という視点が重要になってきますよね。

ヒント　よいデータも把握しよう

データの分析をしていくと、改善が必要な部分に目が向いてしまいますが、データをチェックする際にはよい数値も見るようにしてください。よいことも含めて現状把握することは重要ですし、何よりWebサイト運営のモチベーションにも繋がります。

アクセス解析のデータをどう活用する？

☑ **定期的にチェックしよう**

☑ **重点的に見る項目を決めよう**

☑ **Webサイトの改善に役立てよう**

Googleアナリティクスを設定し、基本を覚えてデータを見ることができるようになったら、次のステップは"Webサイトの運用や改善に活用する"です。本章では、Googleアナリティクスで取得したデータをより役立つデータとして活用する方法について解説します。

Webサイトの運営や改善にどう生かしていくかを学んでいきましょう。

9-2 分析したデータをWebサイトの改善に生かそう

Googleアナリティクスの基本的な見方が一通りわかったら、分析したデータを使ってWebサイトの改善に生かしていきましょう。

PDCAサイクルを回そう

　Webサイトの運営は「企画（Plan）」「実行（Do）」「検証（Check）」「改善（Act）」のサイクルがあります。このようなフローを各単語の頭文字を取って「PDCA」サイクルと呼びます。組織や事業の大小に関わらず、この考え方は非常に重要です。

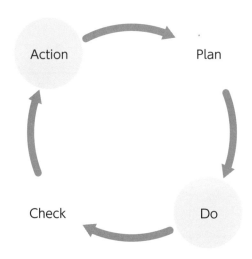

企画（Plan）

　Webサイトを運営する際の目標やそれを達成するための計画を立てます。また、目標に対してどのような施策が必要なのかも検討しておきましょう。

　目標を立てる場合は数値が必要です。"Webサイトのアクセス数を増やす"ではなく"Webサイトのアクセス数を○%増やす"という形で具体的な数字とそれに対する施策を設定しておきましょう。

実行（Do）

　Webサイトの改善を実施していきます。たとえば、アクセス数を伸ばすために低予算で広告を実施する、SNSに取り組む（月に〇回投稿する）、あるいはトップページから別のページへの遷移を伸ばすため、重要なページへのバナーを貼る等、「企画（Planning）」で立てた計画をもとに、具体策を実施していきます。Webサイトへページを追加する、変更するなどの作業もここに含まれます。

検証（Check）

　実行した結果を検証します。アクセス解析はこの段階で使用します。立てた目標に対して、どのぐらい達成できているかを、Googleアナリティクスを使ってチェックします。「企画（Planning）」の段階で、目標を数値で立てると書きましたが、検証段階でその数字が生きてきます。また、アクセス解析を見て、他に気づいた点があれば書き出しておきます。

改善（Act）

　検証した内容をもとに、次のステップに向けての改善点を洗い出します。設定した目標が達成できなかった場合、目標に無理はなかったか、そもそも無謀な計画を立てていないか、逆に設定した目標よりもよい結果が出たときは、次の目標を上方修正してみる等、計画を立てるときの材料をピックアップします。

　重要なのは、4つのステップの中でどうWeb改善をしていくかということです。やみくもに施策を行うのではなく、以下の事項に取り組みながら改善していってください。

- 基本的な指標の見方を押さえる
- 定期的にデータを分析する
- 目標からWebサイトの役割を検討する
- どの数値を重点的に見ていくか決める
- アクセスの推移を把握し集客計画を立てる

　この中で、「基本的な指標の見方を押さえる」についてはChapter3〜8で解説しています。それ以外については、Chapter9で解説していきます。

9-3 定期的にデータを分析しよう

Googleアナリティクスは1回見て終わりではありません。定期的に確認し、データチェックをする習慣をつけましょう。

データ分析をする頻度について

　Googleアナリティクスを確認する頻度として「必要な時だけ見る」「定期的にデータを見る」という2つの方法が考えられます。それぞれのメリットとデメリットを見てみましょう。

必要な時だけ見る

　必要な時だけ見るメリットは、定期的にデータを見る時間を確保する必要がないことです。

　一方デメリットは、"必要なとき"というのが、たいがい状況が悪化しているときということです。たとえば「急にWebからの問い合わせや資料請求が減った」「Web経由での来店数や販売数が減った」などがあげられます。中には、定期的にデータをチェックすることで気づけたかも知れないケースもあるため、健康診断同様、定期的なチェックをおすすめします。

定期的にデータを見る

　定期的にデータを見るメリットは、データを定点観測できるので、変化があった時に気づけるという点です。Webサイトに何か大きな問題が起きていない場合でも、「問題がない」ことを数字で可視化することは重要ですし、決まった頻度でチェックすることで何かしらの気づきを得ることもあります。

　デメリットは、業務の中でアクセス解析にかける時間を確保しなければらないことです。

定期的にデータをチェックしよう

アクセス解析を確認する頻度は、事業規模や企業によって異なります。これか
ら定期チェックを始める場合は、月に1度「アクセス解析の日」を決めて取り組ん
でみてください。「毎月5日」や「第2水曜日」など、あらかじめアクセス解析日を
決めておくとよいでしょう。特に大きな施策をしていなくても、変化はないか
（よくない要素がないか）を確認するだけでも安心感が違います。また、Webサ
イトは何もしなくても外的な要因で状況が変わることもあります。定期チェック
を通して、常に現状を把握しておきましょう。

定期チェックにおすすめの機能

Googleアナリティクスを定期的にチェックする場合、以下の機能を使うと便
利です。

- 解析データをCSVやPDF形式でダウンロードする

解析結果をダウンロード
する機能があります。デー
タを保存しておく、あるい
は数値をカスタマイズして
使いたい時に便利です。

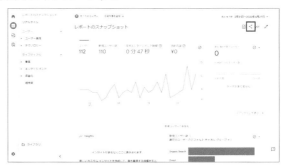

- 前の期間と比較して見る

前の期間と比較して見て
みると変化を把握しやすく
なります。

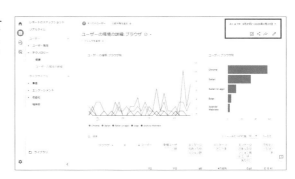

運営しているWebサイトから成果を上げたいと思った時に、目標を立てて取り組んでいますか?目標に合わせたWebサイトの役割について検討しましょう。

Webサイトの目的を明確にしよう

Webサイトから何かしらの成果を得たいと考える人は多いと思います。しかし、漠然と取り組むだけではなかなか思うような結果が得られないのではないでしょうか?

少し前までは、Webサイトが"あるだけ"という状況も少なくなかったのですが、昨今では事業の成果に直結する役割を持たせているケースが多くなっています。とは言っても、その重要性は事業者ごとにまちまちです。

そこで、まずはWebサイトを使ってどんな目的を達成したいかを明確にしましょう。たとえば次の目的が考えられます。

- 事業の信頼のためのWebサイトが欲しい
- Webサイトから集客したい
- 実店舗の来店に結び付けたい
- 見込み客に対して資料請求をしてもらいたい
- 直接、商品を購入して欲しい (通販サイト)
- メルマガやLINEに登録してもらいたい

目的は、ただ「増やしたい」「繁盛させたい」ではなく、数値で目標を立てておくようにしましょう。そう考えると、「信頼のためのWebサイトが欲しい」は数値化しにくいのですが、それ以外に関しては数値目標が立てられそうですよね。

目的別に目標を数値化してみよう

　目的を明確にしたら、それに対する数値を考えていきます。ここで検討する数値は、あとでアクセス解析で検証できるようにするためのものです。数字にしておくことで、検証するポイントも明瞭になります。以下を参考に目標を立ててみてください。

（1）Webサイトから集客したい

「Webサイトからの集客」だと目標が曖昧なので、集客を「お問い合わせのメール数」として目標設定してみましょう。Webサイト上の目標値は、お問い合わせページに何人の訪問者がきて、最終的に何件お問い合わせフォームから連絡が来たかを設定します。

(2) 実店舗の来店に結び付けたい

　Webサイトから実店舗の来店に結び付けたい場合は、「Webを見て来店した」人数を数えることで、目標達成の状況を確認できます。Webサイト上での目標値は、全体のアクセス数、あるいは地図のページへアクセス数で設定します。

(3) 見込み客に対して資料請求をしてもらいたい

　Webサイトから何件資料請求が来たかを数えることで目標達成状況を確認できます。Webサイト上の目標値は、資料請求ページへのアクセス数を設定します。また、イベントや展示会に出展する機会があるのであれば、その後アクセス数が伸びているかも確認しましょう。

(4) 直接、商品を購入して欲しい (通販サイト)

　通販サイトの場合は、最終目標が販売件数ということになりますが、力を入れている商品があるのであれば、そのページへのアクセス数も目標数として設定します。

(5) メルマガやLINEに登録してもらいたい

　メルマガやLINEに登録してリピート促進や顧客育成に繋げる場合は、登録件数を目標値として設定します。Webサイト上の目標値は、登録を案内するページのアクセス数で設定します。

すべてのWebサイト運営者が知っておきたい重要な数値

　ここまで目標値の立て方について解説をしてきました。特にWebサイト上での数値目標を立てる時に、何を基準に検討するべきでしょうか？すべてのWebサイト運営者が知っておきたい数字があります。

　それは1% という数字です。

　Webサイトの訪問者数のうち、アクションを起こす人の割合は1%と言われています。業種やWebサイトの種類によっては、1%より低い場合もあると言われています。つまり、月に20件の資料請求を目標値とする場合は、Webサイトへの訪問者数は最低2000人必要ということです。

　「コンバージョン率」や「転換率」とも呼ばれるこの数字を知っておくと、目標を達成するために、月に何人のアクセス数を確保すればよいか数値が立てられるようになります。1%をもとにして、ぜひ自サイトの状況に合わせて、目標値を検討してみてください。

目標となる数字の考え方

　このような流れで、目標達成のために必要なアクセス数の仮説を立てておきましょう。

目標：Webサイト経由で月に20件の資料請求が欲しい

数字算出：20件×100＝2000

仮説：月に2000人の訪問者がいれば目標達成できるかも

　ここで算出した2000という数字はあくまでも仮説です。実際に分析してみると、仮説よりも多い場合もあれば、少ないこともあります。基準となる数字を全く持たずに検証するよりは、こうした一般的な数字を使って仮説を立てておくことで、より分析、検証がしやすくなるので、覚えておきましょう。

9-5 どの数値を重点的に見るかを決めておこう

Googleアナリティクスで表示されている数字は、毎回すべての項目をチェックする必要があるのでしょうか? ここでは、目標や施策に合わせて重点的に見るべき項目について解説します。

重点的に見るべき数値

P.190で、アクセス解析にデータは定期的に確認しようという話をしました。その時に、すべてのデータを見る必要があるのか? という疑問が出てくる方もいるでしょう。また、すべての数値を見たくても、そこまでゆっくり分析する時間が取れないケースもあるのではないでしょうか。そのような場合は、どの数値を重点的に見るかを決めておきましょう。

まずはざっと全体の推移を押さえておく

重点的に見る数値を決めるといっても、やはり全体の状況はざっとでも把握しておきたいですよね。そんな時は「レポートのスナップショット」を確認しましょう。P.060でも解説しましたが、比較したデータを表示すると推移が把握しやすくなります。

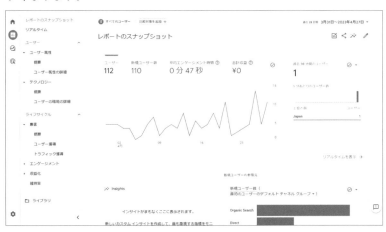

施策に合わせて重点的に見る数値を決めよう

　P.195で設定した目標をもとに、施策の計画を立て実施します。施策の計画を立てる時に、あらかじめどの数字を重点的に見るか決めておくとよいでしょう。よく重点数値として使われる項目について解説します。

特定ページへのアクセス数を重点的に見たい

　［ライフサイクル］→［エンゲージメント］→［エンゲージメントの概要］へアクセスします。「表示回数」という項目があるので、「表示回数（ページタイトルとスクリーンクラス）」の画面で特定ページへのアクセス数を確認できます（詳細はP.124参照）。

どこからユーザーが来ているのかを知りたい

　［ライフサイクル］→［集客］→［トラフィック獲得］へアクセスします。「トラフィック獲得: セッションのデフォルト チャネル グループ」の画面で、どこから流入があるかを確認できます（詳細はP.108参照）。

直帰率を知りたい

　［ライフサイクル］→［エンゲージメント］→［ページとスクリーン］とアクセスします。レポートのカスタマイズで直帰率を表示させることで、数値を確認することができます（詳細はP.127参照）。

検索エンジン対策（SEO対策）に力を入れている場合

　Googleサーチコンソールの「検索パフォーマンス」の画面で確認しましょう。検索エンジン対策（SEO対策）に力を入れている場合、検索結果からどのぐらいユーザーの流入があるかを知ることができます（詳細はP.165参照）。

9-6　アクセスの推移を把握して集客計画を立てよう

Googleアナリティクスのデータは、前月だけでなく過去にさかのぼって確認することができます。アクセスの推移を見ながら集客計画を立ててみましょう。

アクセスの推移を把握しよう

　定期的にデータを分析する際、「比較」の機能を使うと推移を把握しやすくなることを解説してきました。Googleアナリティクスでは、前期間だけでなく、長期でアクセスの推移を確認することもできます。アクセス解析をつけたばかりという状態であれば、まだ長期の推移を見ることはできませんが、今後半年、1年と経過していくとデータがたまっていきます。

　短期だけではなく、長期も動きも把握しておくことで集客や販売促進の計画を立てやすくなります。ある程度の期間、アクセス解析のデータが取れているのであれば、長期スパンでの推移を見てみましょう。

比較や絞り込みの機能を使ってみよう

① ここでは、解析期間を「昨年」に変更し「レポートのスナップショット」を表示してみました。

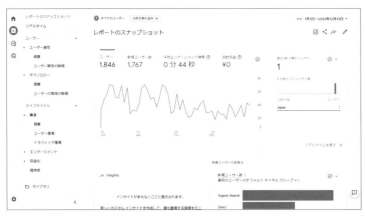

② ［ライフサイクル］→［集客］→［ユーザー獲得］とクリックした画面です。
　アクセス数が伸びている月があることがわかります。

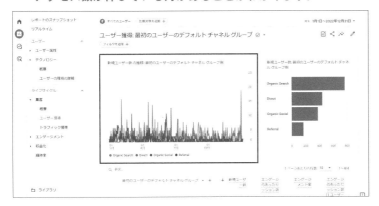

③ 画面をスクロールし、［ユーザーの最初の参照元］で絞り込んだ結果、プレ
　スリリースサイトからのアクセス数が増えていることがわかりました。

　ほかにもアクセス数を増やす施策はしているものの、数値として明確に成果が
見えたのがプレスリリースだったので、アクセス数を増やしたい場合は、また同
様の施策を検討します。このように、解析期間を長く設定することで、大きな変
化を把握することができます。

　商売上、肌感覚でわかっていることでも、改めてWebサイトの解析という数
字で見てみると、より鮮明に人の動きを確認できます。アクセス解析のデータが
たまってきたら、ぜひ長いスパンでも見てみてください。

Googleアナリティクスを使ってWebサイトの課題を発見したら、
Webサイトの改善について検討していきましょう。

サイト改善の考え方

　Webサイトを運営する中で、思うような成果が得られないときは「全面的にリニューアルすれば解決するのでは？」と考えてしまうことがあります。とは言え、全面的に変えるとなると、費用も時間もかかってしまいます。また、アクセス数が足りない場合、やみくもに手を打てば数値が改善するというものでもありません。Webサイトの改善を行う前に、まず2つの方向で考えてみましょう。

　①訪問者が足りないので成果に結びついていない
　②訪問者がいるのに成果に結びついていない

　訪問者が足りているか否かは、P.194で解説した「1%」の数値と目標値を照らし合わせて考えます。その上で、①と②に分けて施策を行いましょう。

①訪問者が足りないので成果に結びついていない

　この場合、まずはWebサイトへ訪問者を増やす施策を行います。具体的には以下のような対策が考えられます。ただし、いずれも知識が必要になるので、専門家と相談しながら進めるとよいでしょう。

SEO対策

　検索エンジンの上位に表示させるための施策です。特定のキーワードで上位表示ができればアクセス増が見込めますが、対策は年々難しくなってきています。

ネット広告

Googleなどの検索結果に文字で表示されるリスティング広告や、ニュースサイトなどに表示されるディスプレイ広告 (バナー広告) などがあります。

SNS広告

Twitter、Instagram、Facebook、YouTube、TikTokなどを活用した広告です。各ツールごとに広告機能が用意されていて、比較的低い予算から出稿することができます。

自力でできそうなのは、さまざまな場面でWebサイトのURLを掲載して露出していくことです。たとえば、メールの署名、SNSのプロフィール欄、ほかのWebサイトやブログからのリンク、メルマガやLINEでの告知、名刺、チラシ、パンフレット、DM、封筒、ポスターなど。印刷物にはWebサイトのURLが登録されたQRコードを入れるようにしましょう。これらの施策を行ったら、訪問者数やページの表示回数が伸びているかを検証します。

②訪問者がいるのに成果に結びついていない

必要な訪問者数は確保できているけれど、成果に結びついていない場合は内部の改善について検討していきます。

トップページと主要なページ、重要度の高いページは、"お客様目線"でチェックしてみてください。操作はスムーズか、どこに何が配置されていて、要素が把握しやすい作りになっているか、ナビゲーションは適切かなどです。そして、訪問者にとって伝わりやすい文章になっているか、写真や画像が適度に配置されているか、ネットショップであれば、魅力的な文章や訪問者をひきつける写真についても検証します。

すぐに結果が出ないケースも多く、試行錯誤していくことになりますが、ねばり強く取り組んでいきましょう。改善施策を行ったあとは、アクセス解析での検証も必ず行うようにしましょう。

現状	改善内容
トップページのアクセス数はあるが、ほかの ページのアクセスが少ない	・デザインや配置の最適化 ・メインビジュアル、キャッチコピーの改善 ・ナビゲーションの見直し ・バナーの見直し、配置の最適化　など
重要なページへの訪問者が少ない	・重要ページへのリンクや導線の見直し ・直前のページの見直し、リンクの確認 ・各ページからバナーの設置、リンクの設置　など
重要なページのエンゲージメント時間が短い	・レイアウトの最適化 ・文章や写真、文字の大きさの見直し、最適化 ・コンテンツの作り込み ・動画の埋め込み表示　など
モバイルユーザーのエンゲージメント時間が 短い	・表示スピードの改善 ・文字の大きさや配置の見直し　など
問い合わせページにアクセスはあるが、実際 の問い合わせが少ない	・問い合わせフォームの改善（項目数や操作性） ・電話番号を掲載

ヒント　**Webサイト表示の軽量化について**

特にモバイルで表示したときに、Webサイトの表示速度が遅いと離脱する原因になります。表示を速くする方法はいくつかありますが、画像の軽量化を検討してみましょう。以下のサイトを活用すると、画質を落とすことなく、画像の軽量化をはかることができます。

● TinyPNG　https://tinypng.com/

　Googleアナリティクスは、Webサイトのアクセス状況のデータを収集する便利なツールです。しかし、データを単に見るだけでは十分ではありません。Googleアナリティクスやサーチコンソールのデータを使って、Webサイトにどのような課題があり、どう改善していくかを検討していくことが重要です。

　本書で解説したことをヒントに、日々のWeb運営に役立ててください。

用語集

用語	意味
Affiliates	アフィリエイト経由での流入
CTR	Click Through Rateの略。表示された回数に対してクリックされた回数のこと
Direct	ブラウザに直接URLを入力するなどして流入すること
Display	広告からの流入（Webサイトやアプリ内に表示される広告）
Email	メール経由での流入
file_download	ファイルがダウンロードされた回数
first_visit	初回訪問の回数
noindex	Webページを検索エンジンに登録させないようにするタグ
Organic Search	検索エンジンからの流入
page_view	ページが表示された回数
Referral	他サイトからのリンク経由で流入
robots.txt	検索エンジンに登録されたくないWebページへの巡回を制御するファイル
scroll	ページがスクロールされた回数（ページの90%までスクロールされると計測される）
Unassigned	いずれにも該当しない
XMLサイトマップ	検索エンジンにWebサイト内のページ情報を知らせるためのファイル
イベント数	クリックやダウンロードなど、Webサイトの訪問者が起こした行動の数

用語	意味
インデックス	Webページが検索エンジンのデータベースに登録されること
インデックスエラー	何らかの問題によりWebページが検索エンジンのデータベースに登録されなかった状態
エンゲージメント	Webサイトやアプリに対して訪問者が行った操作
クエリ	「質問」や「問い合わせ」を意味するが、検索したときの語句の意味でも使われる（＝検索クエリ）
経路データ探索	GA4の「探索」で利用できるレポートの1つ
検索パフォーマンス	Googleサーチコンソールで検索キーワードの表示回数やクリック数などが閲覧できる機能
コンバージョン	もともとは転換、変換を意味する英単語。Webサイト上における成果のこと。
参照元	Webサイトへ訪問したユーザーの流入元になるWebサイトや検索エンジン
集客（機能）	Googleアナリティクス上で流入の内訳を確認できる項目
セッション	訪問者がWebサイトへ流入してから離脱するまでの一連の行動
タグ	Googleアナリティクスのタグは、Webサイトのアクセスデータ収集を行うためのコード（HTMLタグ）
探索（データ探索）	基本的なレポートに掲載されない情報を分析することができる
直帰率	エンゲージされていないセッションの割合

用語	意味
ディメンションと指標	ディメンションはデータの属性、項目名。指標はそれに呼応する数値
データストリーム	特定のGA4プロパティにデータを送信するWebサイトやアプリのこと
テクノロジー	GA4のテクノロジーでは、Webサイト訪問者のデバイスに関する情報を分析できる
トラフィック	ネットワーク上を流れる情報の量
プロパティ	Googleアナリティクスのプロパティは、データ収集をするための単位
ページビュー数	Webサイト内でページを閲覧された数
ユーザーエクスプローラー	訪問者のWebサイト内での行動をタイムライン形式で閲覧できる機能
ライフサイクル	GA4のライフサイクルでは、集客、コンバージョンなどを分析できる
リアルタイム	Webサイトへの訪問状況をリアルタイムで確認できる画面
リダイレクトエラー	Webページの転送処理の途中で、何らかの問題によりうまくいかない状態

索引

■お問い合わせについて

本書の内容に関するご質問は、下記の宛先までFAXまたは書面にてお送りいただくか、弊社Webサイトの質問フォームよりお送りください。お電話によるご質問、および本書に記載されている内容以外のご質問には、一切お答えできません。あらかじめご了承ください。

〒162-0846
東京都新宿区市谷左内町21-13
株式会社技術評論社 書籍編集部
「これならわかる！Google アナリティクス 4 アクセス解析超入門」質問係
FAX：03-3513-6167

技術評論社Webサイト：https://book.gihyo.jp/116/

なお、ご質問の際に記載いただいた個人情報は質問の返答以外の目的には使用いたしません。また、質問の返答後は速やかに削除させていただきます。

これならわかる！
Google アナリティクス 4
アクセス解析超入門

2023 年 7 月 6 日　初版　第 1 刷発行

著　者	志鎌真奈美
発行者	片岡 巌
発行所	株式会社技術評論社 東京都新宿区市谷左内町 21-13 電話　03-3513-6150（販売促進部） 　　　03-3513-6160（書籍編集部）
編集	荻原祐二
カバー／本文イラスト	小川かりん
カバーデザイン／ DTP	BUCH+
協力	佐藤謙太（ちば食べる通信）
印刷／製本	大日本印刷株式会社

定価はカバーに表示してあります。

本書の一部または全部を著作権法の定める範囲を超え、無断で複写、複製、転載、あるいはファイルに落とすことを禁じます。

ⓒ 2023 志鎌真奈美

造本には細心の注意を払っておりますが、万一、落丁（ページの抜け）や乱丁（ページの乱れ）がございましたら、弊社販売促進部へお送りください。送料弊社負担でお取り替えいたします。

ISBN 978-4-297-13493-8 C3055
Printed in Japan